- 2013 -

中国品牌名茶鉴赏

Chinese brand tea appreciation

茶百科编委会　编著

中国商业出版社

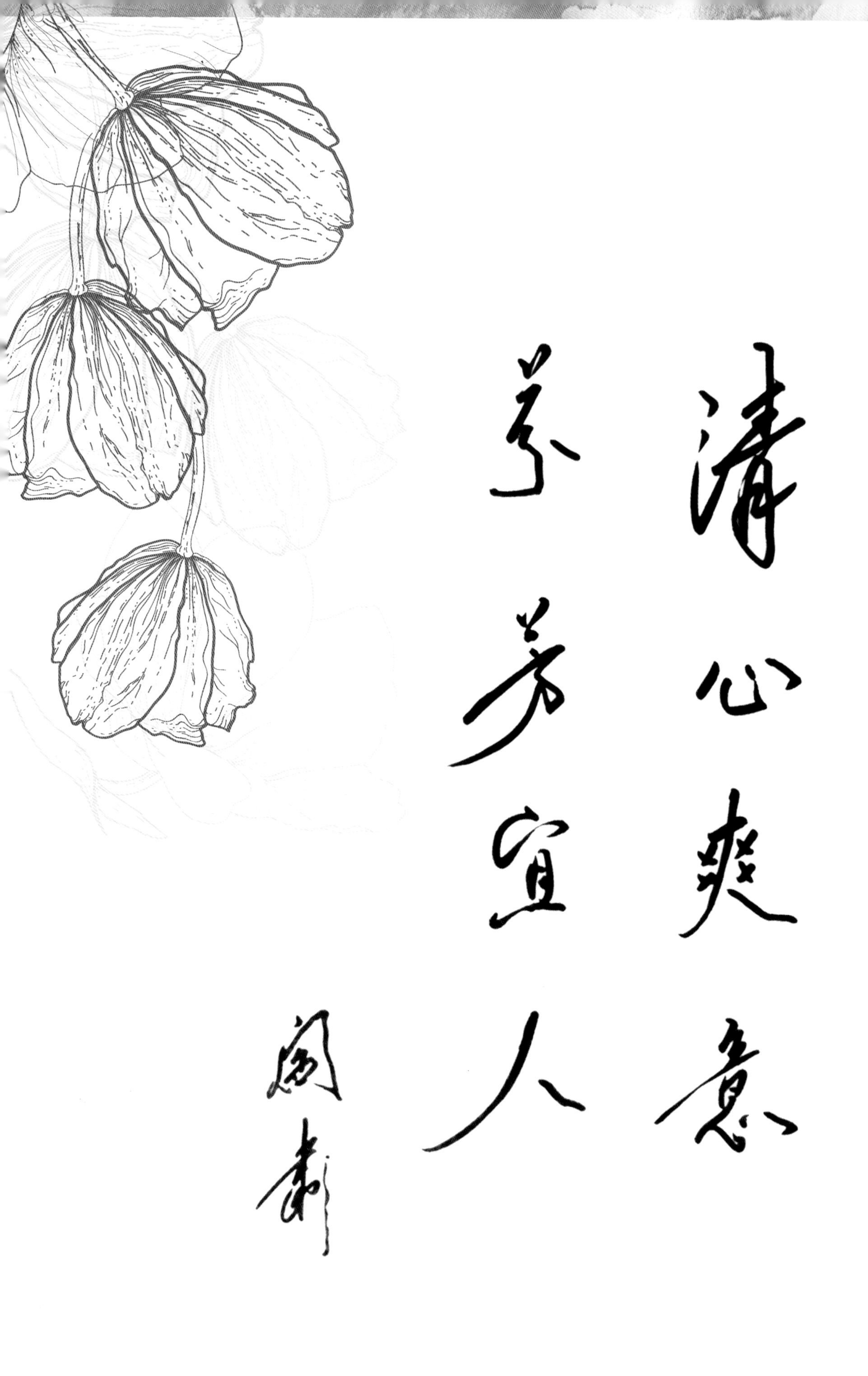
清心爽意
茶芳宜人

茶名为第一国饮。

绍祖

茶百科
TEA ENCYCLOPEDIA
中国茶 世界梦
Chinese Tea World Dream

饮茶在中华民族各族人民生活中都占有重要的地位，长期以来中国茶叶是重要出口產品，祝愿中国茶今后有更大的发展。

项怀诚

多饮茶
少喝酒
利健康
惠农民

袁国林

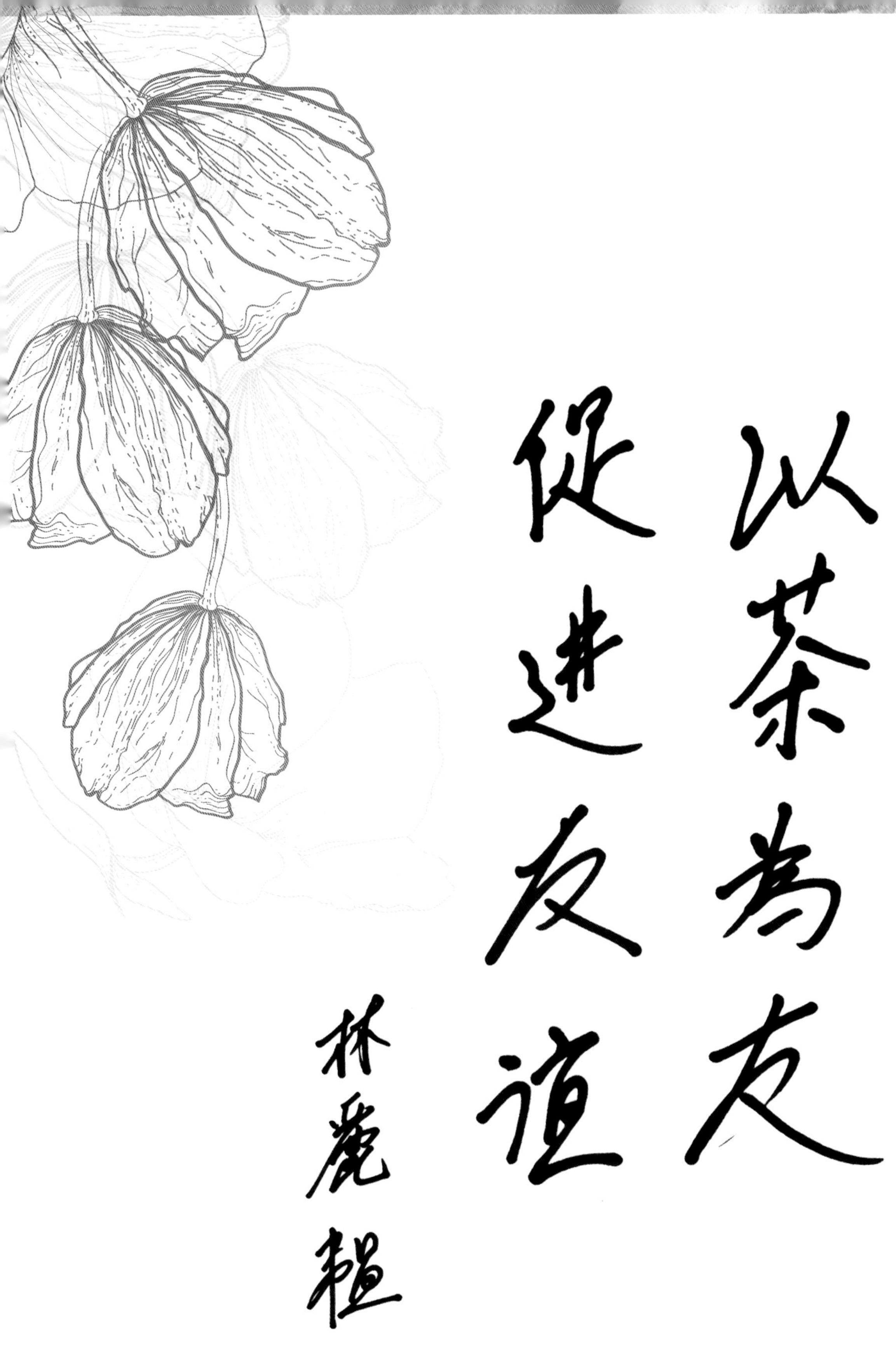
以茶為友
促进友谊
林麗韞

人文中國
學術要務

邵秉仁

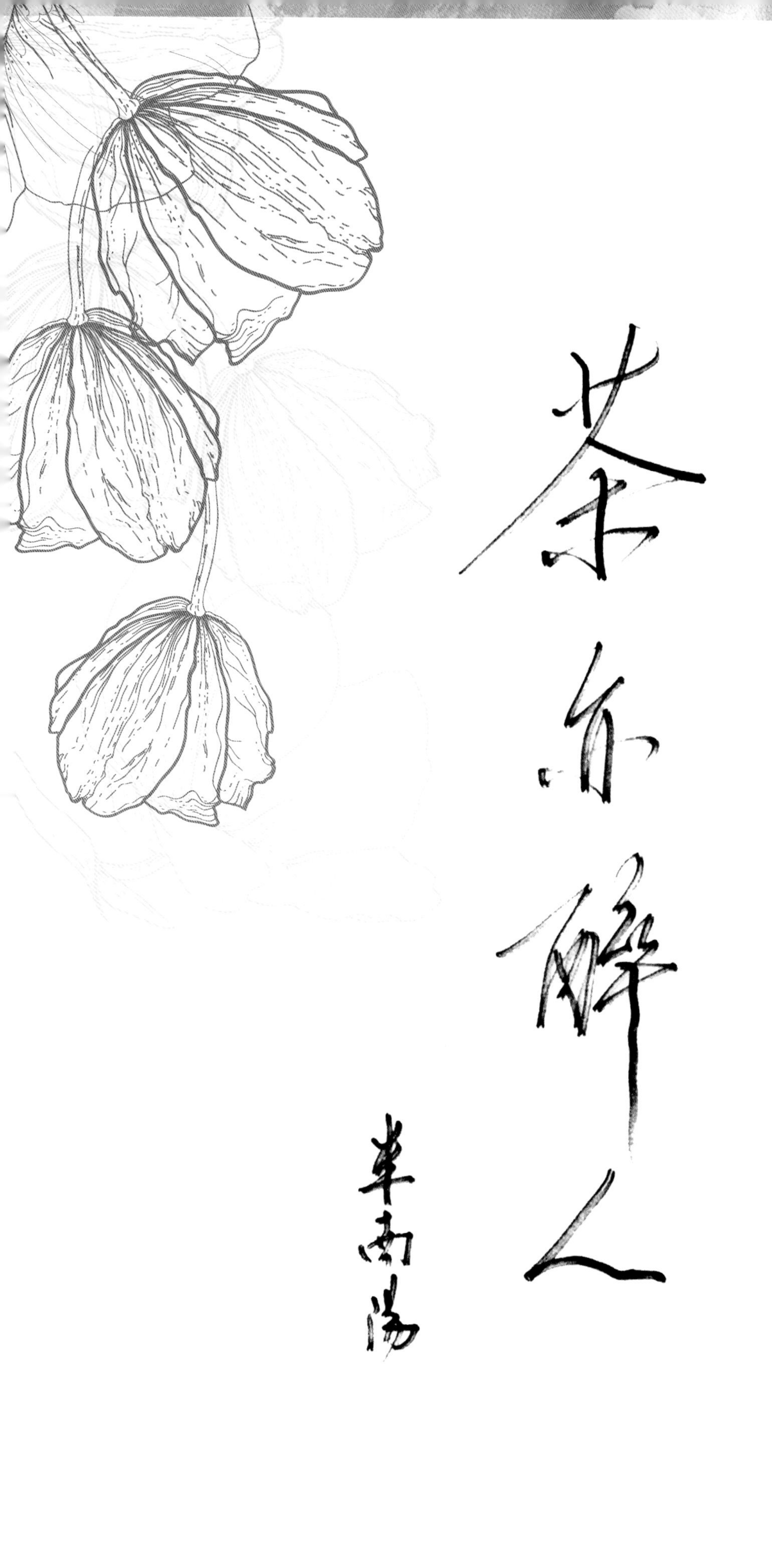

茶亦醉人

山海入一壶

汪国真

目录 Contents

目录 Contents

开卷有益：品读《2013中国品牌名茶鉴赏》

翻开这部精美的画册，阵阵茶香扑面而来。一个个好听的名字，一款款典雅的设计，跃然纸上。令人赏心悦目，爱不释手，更催人一看究竟，急切通向阅读的轨道……

不多的文字，简约而不简单。细细品读，字里行间表达了中国茶企对茶叶深深的爱，反映了中国茶人的追求与梦想。

沿着文字的轨迹，我们读出了茶区秀丽风光之美，企业制作茶叶工艺之精湛，茶叶产品之丰富；品出了中国茶文化历史悠久、底蕴深厚，小小茶叶承载很多内涵，前景远大。

2013年品牌名茶同台亮相，千姿百态的茶叶，把我们带入了传承与创新交融的世界。说传承，这里蕴含着古老的传说、历史的积淀、非遗制作技艺的肯定，从"祁红"获巴拿马金奖、"绿雪芽"之太姥娘娘故事、"中茶"品牌的坚守，便可见一斑。道创新，新产品、新工艺，推陈出新，"帝泊洱"、"新安源"、"泉笙道"打造新品牌，让我们眼界大开。

透过一幅幅精心设计的画面，我们感受到了茶之魅力，茶礼之厚重，企业文化之深刻，也捕捉到了市场的脉动，时尚的新风。

百佳争妍，一茶一特色，揭示了每款茶从种植、采摘、加工到包装各环节的奥秘所在，告知我们茶叶的无穷知识。海拔高度、树种、产地，是解析茶叶品质的密码，工艺、加工中的监控是确保茶叶质量的关键。

百家茶企，各显神通。智能化清洁化生产，使茶叶步入应用先进生产技术行列。茶旅游、茶道养生，茶文化理念撬动茶业跨界转型提升。

画册中的英文字母、阿拉伯数字和描述成分的术语，还表明一杯茶的价值，一款茶的信息。QS认证，HACCP认证，让我们放心去喝这款茶；3g*16袋*2罐，600元，告诉我们这款茶冲泡一杯只需3克，6.25元，有很好的性价比；而益生菌、茶多酚、氨基酸，则讲述茶叶是人类生活中最好的饮品，它补充营养、清除自由基，增强抵抗力，让我们的身体更健康。

百款名茶，百种滋味。黄色、橙红、褐色……不同的茶汤，给我们的味蕾百种体验，百份享受。当然，只有你品尝过，你才知它的真谛。

让我们一起走进《2013中国品牌名茶鉴赏》的空间，在这资源整合理念营造的和谐氛围中，静下心来，细品慢啜，感受每一种滋味，分享每一分快乐。

张永立

2013年7月8日 于北京

六大茶类

依据加工工艺不同的品质上的差异可分为绿茶、红茶、青茶（乌龙茶）、白茶、黄茶和黑茶六大类。

一、六大茶类简介

（一）绿茶类

绿茶类属不发酵茶。这类茶的茶叶颜色是翠绿色，泡出来的茶汤是绿黄色。

主要花色：西湖龙井、日照绿茶、雪青茶、碧螺春茶、黄山毛峰茶、庐山云雾、六安瓜片、蒙顶茶、太平猴魁茶、顾渚紫笋茶、信阳毛尖茶、竹叶青、都匀毛尖、平水珠茶、西山茶、雁荡毛峰茶、华顶云雾茶、涌溪火青茶、敬亭绿雪茶、峨眉峨蕊茶、都匀毛尖茶、恩施玉露茶、婺源茗眉茶、雨花茶、莫干黄芽茶、五山盖米茶、普陀佛茶、西农毛尖。

颜色：碧绿、翠绿或黄绿，久置或与热空气接触易变色。

原料：嫩芽、嫩叶。

香味：清香，味清淡微苦。

性质：富含叶绿素、维生素 C（一般每 100 克绿茶中含量可高达 IO0 毫克～ 250 毫克，高级龙井茶含量可达 360 毫克以上，比柠檬、柑橘等水果含量还高），茶性较寒凉，咖啡碱、茶碱含量较多，较易刺激神经。

太平猴魁

信阳毛尖

（二）红茶类

红茶类属全发酵茶（发酵度：100%）。红茶通常是碎片状，但条形的红茶也不少。它的颜色是暗红色，泡出来的茶汤呈桔红色。英文却把它称做 Black Tea，意思是黑茶，确实外国人喝的红茶颜色较深，呈暗红色。

主要花色：祁门红茶、滇红、英德红茶、正山小种红茶等。

颜色：暗红色。

原料：大叶、中叶、小叶都有，一般是碎型和条型。

香味：麦芽糖香；一种焦糖香，滋味浓厚略带涩味。

性质：温和。不含叶绿素、维生素 C。因咖啡碱、茶碱较少，兴奋神经效能较低。

祁门红茶

（三）青茶类

青茶类属半发酵茶（发酵度：30% ~ 70%），俗称乌龙茶。种类繁多，这种茶呈深绿色或青褐色，泡出来的茶汤则是蜜绿色或蜜黄色。

主要花色：武夷岩茶、安溪铁观音、凤凰单丛、冻顶乌龙茶等。

颜色：青绿、暗绿。

原料：两叶一芽，枝叶连理，大都是对口叶，芽叶已成熟。

香味：花香果味，从清新的花香、果香到熟果香都有，滋味醇厚回甘，略带微苦亦能回甘，是最能吸引人的茶叶。

性质：温凉。略具叶绿素、维生素 C，茶碱、咖啡碱约有 3%。

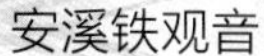

安溪铁观音

（四）白茶类

白茶类属轻度发酵茶（发酵度：20–30%）。白茶是成条状的白色茶叶，泡出来的茶汤成象牙色；白茶是采自茶树的嫩芽制成，细嫩的芽叶上面盖满了细小的白毫。

主要花色：白毫银针、白牡丹、寿眉等。

颜色：色白隐绿，干茶外表满披白色茸毛。

原料：福鼎大白茶种的壮芽或嫩芽制造，大多是针形或长片形。

香味：汤色浅淡，味清鲜爽口、甘醇、香气弱。

性质：寒凉，有退热祛暑作用。

福鼎大白茶

（五）黄茶类

黄茶类属微发酵茶（发酵度：10–20%）。黄茶是一种发酵不高的茶类，制造工艺似绿茶，过程中加以闷黄。因此，具有黄汤黄叶的特点。

主要花色：君山银针、蒙顶黄芽、霍山黄芽、霍山黄大茶等。

颜色：黄叶黄汤。

原料：带有茸毛的芽头，芽或芽叶制成。制茶工艺类似绿茶，在过程中加以闷黄。

香味：香气清纯，滋味甜爽。

性质：凉性，因产量少，是珍贵的茶叶。

君山银针

（六）黑茶类

黑茶类属后发酵茶（随时间的不同，其发酵程度会变化）。这类茶以往销往俄罗斯或我国边疆地区为主；现在大部分内销，少部分销往海外。习惯上把黑茶制成的紧压茶称为边销茶。

主要花色：普洱茶、湖南黑茶、老青茶、六堡散茶、藏茶等。

颜色：青褐色，汤色橙黄或褐色。

原料：中叶种，大叶种等茶树的粗老梗叶或鲜叶。

香味：具陈香，滋味醇厚回甘。

性质：温和。属后发酵，可存放较久，耐泡耐煮。

六堡茶

普洱茶

二、加工工艺

绿茶：杀青－揉捻（做形）－干燥

绿茶的加工，简单分为杀青、揉捻和干燥三个步骤，其中关键在于初制的第一道工序，即杀青。鲜叶通过杀青，酶的活性钝化，内含的各种化学成分，基本上是在没有酶影响的条件下，由热力作用进行物理化学变化，从而形成了绿茶的品质特征。

(1) 杀青

杀青对绿茶品质起着决定性作用。通过高温，破坏鲜叶中酶的特性，制止多酚类物质氧化，以防止叶子红变；同时蒸发叶内的部分水分，使叶子变软，为揉捻造形创造条件。随着水分的蒸发，鲜叶中具有青草气的低沸点芳香物质挥发消失，从而使茶叶香气得到改善。

除特种茶外，该过程均在杀青机中进行。影响杀青质量的因素有杀青温度、投叶量、杀青机种类、时间、杀青方式等。它们是一个整体，互相牵连制约。

(2) 揉捻

揉捻是绿茶塑造外形的一道工序。通过利用外力作用，使叶片揉破变轻，卷转成条，体积缩小，且便于冲泡。同时部分茶汁挤溢附着在叶表面，对提高茶滋味浓度也有重要作用。

制绿茶的揉捻工序有冷揉与热揉之分。所谓冷揉，即杀青叶经过摊凉后揉捻；热揉则是杀青叶不经摊凉而趁热进行的揉捻。嫩叶宜冷揉以保持黄绿明亮之汤色于嫩绿的叶底，老叶宜热揉以利于条索紧结，减少碎末。

目前，除名茶仍用手工操作外，大宗绿茶的揉捻作业已实现机械化。

(3) 干燥

干燥的目的，蒸发水分，并整理外形，充分发挥茶香。

干燥方法，有烘干、炒干和晒干三种形式。绿茶的干燥工序，一般先经过烘干，然后再进行炒干。因揉捻后的茶叶，含水量仍很高，如果直接炒干，会在炒干机的锅内很快结成团块，茶汁易粘结锅壁。故此，茶叶先进行烘干，使含水量降低至符合锅炒的要求。

黄茶：杀青 – 闷黄 – 干燥

黄茶的品质特点是黄汤黄叶，制法特点主要是闷黄过程，利用高温杀青破坏酶的活性，其后多酚物质的氧化作用则是由于湿热作用引起，并产生一些有色物质。变色程度较轻的，是黄茶，程度重的，则形成了黑茶。其典型工艺流程是杀青、闷黄、干燥，揉捻并非黄茶必不可少的工艺。

(1) 杀青：黄茶通过杀青，以破坏酶的活性，蒸发一部分水分，散发青草气，对香味的形成有重要作用。

(2) 闷黄：闷黄是黄茶类制造工艺的特点，是形成黄色黄汤的关键工序。从杀青到干燥结束，都可以为茶叶的黄变创造适当的湿热工艺条件，但作为一个制茶工序，有的茶是在杀青后闷黄，有的则是在毛火后闷黄，有的闷炒交替进行。针对不同茶叶品质，方法不一，但殊途同归，都是为了形成良好的黄色黄汤品质特征。影响闷黄的因素主要有茶叶的含水量和叶温。含水量多，叶温愈高，则湿热条件下的黄变过程也愈快。

(3) 干燥：黄茶的干燥一般分几次进行，温度也比其它茶类偏低。

黑茶：杀青 – 揉捻 – 渥堆 – 干燥

(1) 杀青：由于黑茶采摘的叶子粗老，含水量低，需高温快炒，翻动快而匀，呈暗绿色即可。

(2) 揉捻：杀青叶出锅后，立即趁热揉捻，易于塑造良好外形。揉捻方法与一般红、绿茶相同。

(3) 渥堆：揉捻后的叶子，堆放在篾垫上，厚 15 ~ 25 厘米，上盖湿布，并加覆盖物，以保湿保温，进行渥堆过程。渥堆进行中，应根据堆温的变化，适时翻动 1 ~ 2 次。关于渥堆的化学变化实质，目前尚未有定论，目前茶学界有酶促作用、微生物作用和湿热作用三种学说，但一般认为起主要作用的是水热作用，与黄茶的闷黄过程类似。

(4) 干燥：有烘焙法、晒干法，目的在于固定品质，防止变质。

白茶：萎凋 – 干燥（新工艺白茶：萎凋 – 轻揉 – 干燥）

其中白毫银针制作工序为：茶芽、萎凋、烘焙、筛拣、复火、装箱。

白牡丹、贡眉制作工艺为：鲜叶、萎凋、烘焙（或阴干）、拣剔（或筛拣）、复火、装箱。

青茶（乌龙茶，以安溪铁观音为例）：萎凋 – 做青 – 炒青 – 揉捻（做形）– 干燥

(1) 萎凋：萎凋即乌龙茶区所指的凉青、晒青。通过萎凋散发部分水分，提高叶子韧性，便于后续工序进行。同时伴随着失水过程，酶的活性增强，散发部分青草气，利于香气透露。乌龙茶萎凋的特殊性，区别于红茶制造的萎凋。红茶萎凋不仅失水程度大，而且萎凋、揉捻、发酵工序分开进行，而乌龙茶的萎凋和发酵工序不分开，两者相互配合进行。通过萎凋，以水分的变化，控制叶片内物质适度转化，达到适宜的发酵程度。

萎凋方法有四种：凉青（室内自然萎凋）、晒青（日光萎凋）、烘青（加温萎凋）、人控条件萎凋。

⑵ 做青：做青是乌龙茶制作的重要工序，特殊的香气和绿叶红镶边就是在做青中形成的。萎凋后的茶叶置于摇青机中摇动，叶片互相碰撞，擦伤叶缘细胞，从而促进酶促氧化作用。摇青后，叶片由软变硬。再静置一段时间，氧化作用相对减缓，使叶柄叶脉中的水分慢慢扩散至叶片，此时鲜叶又逐渐膨胀，恢复弹性，叶子变软。经过如此有规律的动与静的过程，茶叶发生了一系列生物化学变化。叶缘细胞被破坏，发生轻度氧化，叶片边缘呈现红色。叶片中央部分，叶色由暗绿转变为黄绿，即所谓的“绿叶红镶边”。同时水分的蒸发和运转，有利于香气和滋味的发展。

⑶ 炒青：乌龙茶的内质已在做青阶段基本形成，炒青是承上启下的转折工序，它和绿茶的杀青一样，主要作用是抑制鲜叶中的酶的活性，控制氧化进程，防止叶子继续红变，固定做青形成的品质。其次，使低沸点青草气挥发和转化，形成馥郁的茶香。同时通过湿热作用破坏部分叶绿素，使叶片黄绿而亮。此外，还可挥发一部分水分，使叶子柔软，便于揉捻。

⑷ 揉捻：其作用同于绿茶。

⑸ 干燥：干燥可抑制酶性氧化，蒸发水分和软化叶子，并起热化作用，消除苦涩味，促进滋味醇厚。

红茶：萎凋 – 揉捻 – 发酵 – 干燥

我国红茶包括工夫红茶、红碎茶和小种红茶，其制法大同小异，都有萎凋、揉捻、发酵、干燥四个工序。各种红茶的品质特点都是红汤红叶，色香味的形成都有类似的化学变化过程，只是变化的条件、程度上存在差异而已。下面以工夫红茶为例，简介红茶的制造工艺。

⑴ 萎凋

萎凋是指鲜叶经过一段时间失水，使一定硬脆的梗叶成萎蔫凋谢状况的过程，是红茶初制的第一道工序。经过萎凋，可适当蒸发水分，叶片柔软，韧性增强，便于造形。此外，这一过程可使青草味消失，茶叶清香欲现，是形成红茶香气的重要加工阶段。萎凋方法有自然萎凋和萎凋槽萎凋两种。自然萎凋即将茶叶薄摊在室内或室外阳光不太强处，搁放一定的时间。萎凋槽萎凋是将鲜叶置于通气槽体中，通以热空气，以加速萎凋过程，这是目前普遍使用的萎凋方法。

⑵ 揉捻

红茶揉捻的目的，与绿茶相同，茶叶在揉捻过程中成形并增进色香味浓度。同时，由于叶细胞被破坏，便于在酶的作用下进行必要的氧化，利于发酵的顺利进行。

⑶ 发酵

发酵是红茶制作的独特阶段，经过发酵，叶色由绿变红，形成红茶红叶红汤的品质特点。其机理是叶子在揉捻作用下，组织细胞膜结构受到破坏，透性增大，使多酚类物质与氧化酶充分接触，在酶促作用下产生氧化聚合作用，其它化学成分亦相应发生深刻变化，使绿色的茶叶产生红变，形成红茶的色香味品质。目前普遍使用发酵机控制温度和时间进行发酵。发酵适度，嫩叶色泽红匀，老叶红里泛青，青草气消失，具有熟果香。

⑷ 干燥

干燥是将发酵好的茶坯，采用高温烘焙，迅速蒸发水分，达到保质干度的过程。其目的有三：利用高温迅速钝化酶的活性，停止发酵；蒸发水分，缩小体积，固定外形，保持干度以防霉变；散发大部分低沸点青草气味，激活并保留高沸点芳香物质，获得红茶特有的甜香。

中国十大名茶

中国茶叶历史悠久，各种各样的茶类品种万紫千红竟相争艳，犹如春天的百花园，使万里山河分外妖娆。中国名茶就是在浩如烟海诸多花色品种茶叶中的珍品。同时，中国名茶在国际上享有很高的声誉。

关于十大名茶，不同的媒体有不同的版本，这里取 1959 年全国“十大名茶”评比会所评选版本，依次为：西湖龙井，碧螺春，信阳毛尖，君山银针，黄山毛峰，武夷岩茶，祁门红茶，都匀毛尖，铁观音，六安瓜片。

西湖龙井

西湖龙井，居中国名茶之冠。产于浙江省杭州市西湖周围的群山之中。多少年来，杭州不仅以美丽的西湖闻名于世界，也以西湖龙井茶誉满全球。西湖群山产茶已有千百年的历史，在唐代时就享有盛名，但形成扁形的龙井茶，大约还是近百年的事。相传，乾隆皇帝巡视杭州时，曾在龙井茶区的天竺作诗一首，诗名为《观采茶作歌》。

西湖龙井茶向以“狮（峰）、龙（井）、云（栖）、虎（跑）、梅（家坞）”排列品第，以西湖龙井茶为最。龙井茶外形挺直削尖、扁平俊秀、光滑匀齐、色泽绿中显黄。冲泡后，香气清高持久，香馥若兰；汤色杏绿，清澈明亮，叶底嫩绿，匀齐成朵，芽芽直立，栩栩如生。品饮茶汤，沁人心脾，齿间流芳，回味无穷。

龙井茶区分布在西湖湖畔的秀山峻岭之上。这里傍湖依山，气候温和，常年云雾缭绕，雨量充沛，加上土壤结构疏松、土质肥沃，茶树根深叶茂，常年莹绿。从垂柳吐芽，至层林尽染，茶芽不断萌发，清明前所采茶芽，称为明前茶。炒一斤明前茶需七八万芽头，属龙井茶之极品。龙井茶的外形和内质是和其加工手法密切相联的。

过去，都采用七星柴灶炒制龙井茶，掌火十分讲究，素有“七分灶火，三分炒”之说法。现在，一般采用电锅，既清洁卫生，又容易控制锅温，保证茶叶质量。炒制时，分“青锅”、“烩祸”两个工序，炒制手法很复杂，一般有抖、带、甩、挺、拓、扣、抓、压、磨、挤等十大手法，炒制时，依鲜叶质量高低和锅中茶坯的成型程度，不时地改换手法，因势利炒而成。

【鉴别方法】

西湖龙井茶的感官品质主要通过“干看外形、湿看内质”来评定，具体从外形、香气、滋味、汤色和叶底等方面来品评。

外形特征：干看茶叶外形，以鉴别茶叶身骨的轻重和制工的优劣，内容包括嫩度、整碎、色泽、净度等。一般西湖龙井茶以扁平光滑、挺秀尖削、均匀整齐、色泽翠绿鲜活为佳品。反之，外形松散粗糙、身骨轻飘、筋脉显露、色泽枯黄，表明质量低次。

香气特征：香气是茶叶冲泡后随水蒸汽挥发出来的气味，由多种芳香物质综合组成的。高级西湖龙井茶带有鲜纯的嫩香，香气清醇持久。

滋味特征：西湖龙井茶滋味以鲜醇甘爽为好。滋味往往与香气关系密切，香气好的茶叶滋味通常较鲜爽，香气差的茶叶则通常有苦涩味或粗青感。

汤色特征：汤色是茶叶里的各种色素溶解于沸水中而显现出来的色泽，主要看色度、亮度和清浊度。西湖龙井茶的汤色以清澈明亮为好，汤色深黄为次。

叶底特征：叶底是冲泡后剩下的茶渣。主要以芽与嫩叶含量的比例和叶质的老嫩度来衡量。西湖龙井茶好的叶底要求芽叶细嫩成朵，均匀整齐、嫩绿明亮。差的叶底暗淡、粗老、单薄。

选购西湖龙井茶时，首先要根据自己的需要，比如用途、经济实力和喜好等，然后通过以下程序进行感官辨别。

一摸：判别茶叶的干燥程度。随意挑选一片干茶，放在拇指与食指之间用力捻，如即成粉末，则干燥度足够；若为小颗粒，则干燥度不足，或者茶叶已吸潮。干燥度不足的茶叶比较难储存，同时香气也不高。

二看：看干茶是否符合龙井茶的基本特征，包括外形、色泽、匀净度等。

三嗅：闻干茶香气的高低和香型，并辨别是否有烟、焦、酸、馊、霉等劣变气味和各种夹杂着的不良气味。

四尝：当干茶的含水量、外形、色泽、香气均符合要求后，进行开汤品尝。一般取3克龙井茶置于杯碗中，冲以沸水150毫升。5分钟后先嗅香气，再看汤色，细尝滋味，后评叶底。这个环节更为重要。

洞庭碧螺春

产于江苏省吴县太湖洞庭山。相传，洞庭东山的碧螺春峰，石壁长出几株野茶。当地的老百姓每年茶季持筐采摘，以作自饮。有一年，茶树长得特别茂盛，人们争相采摘，竹筐装不下，只好放在怀中，茶受到怀中热气熏蒸，奇异香气忽发，采茶人惊呼："吓煞人香"，此茶由此得名。有一次，清朝康熙皇帝游览太湖，巡抚宋公进"吓煞人香"茶，康熙品尝后觉香味俱佳，但觉名称不雅，遂题名"碧螺春"。

太湖辽阔，碧水荡漾，烟波浩渺。洞庭山位于太湖之滨，东山是犹如巨舟伸进太湖的半岛，西山是相隔几公里、屹立湖中的岛屿，西山气候温和，冬暖夏凉，空气清新，云雾弥漫，是茶树生长得天独厚的环境，加之采摘精细，做工考究，形成了别具特色的品质特点。碧螺春茶条索纤细，卷曲成螺，满披茸毛，色泽碧绿。冲泡后，味鲜生津，清香芬芳，汤绿水澈，叶底细匀嫩。尤其是高级碧螺春，可以先冲水后放茶，茶叶依然徐徐下沉，展叶放香，这是茶叶芽头壮实的表现，也是其他茶所不能比拟的。因此，民间有这样的说法：碧螺春是"铜丝条，螺旋形，浑身毛，一嫩（指芽叶）三鲜（指色、香、味）自古少"。

碧螺春茶从春分开采，至谷雨结束，采摘的茶叶为一芽一叶，对采摘下来的芽叶还要进行拣剔，去除鱼叶、老叶和过长的茎梗。一般是清晨采摘，中午前后拣剔质量不好的茶片，下午至晚上炒茶。目前大多仍采用手工方法炒制，其工艺过程是：杀青——炒揉——搓团焙干。三个工序在同一锅内一气呵成。炒制特点是炒揉并举，关键在提毫，即搓团焙干工序。

洞庭碧螺春茶风格独具，驰名中外，常用之招待外宾或作高级礼品，它不仅畅销于国内市场，还外销至日本、美国、德国、新加坡等国。

【鉴别方法】

有专家提醒，颜色是植物生长的自然规律，颜色越绿并不意味着茶叶品质越好，在分辨真假碧螺春时，应注意以下事项：

1. 看外观色泽：没有加色素的碧螺春色泽比较柔和鲜艳，加色素的碧螺春看上去颜色发黑，发绿、发青、发暗。

2. 看茶汤色泽：把碧螺春用开水冲泡后，没有加色素的颜色看上去比较柔亮、鲜艳，加色素的看上去比较黄暗，像陈茶的颜色一样。

专家补充，如果是着色的碧螺春，它的绒毛多是绿色的，是被染绿了的效果。而真的碧螺春应是满皮白毫，有白色的小绒毛。

信阳毛尖

河南省著名土特产之一，素来以"细、圆、光、直、多白毫、香高、味浓、汤色绿"的独特风格而饮誉中外。唐代茶圣陆羽所著的《茶经》，把信阳列为全国八大产茶区之一；宋代大文学家苏轼尝遍名茶而挥毫赞道："淮南茶，信阳第一"；信阳毛尖茶清代已为全国名茶之一，1915 年荣获巴拿马万国博览会金奖，1958 年评为全国十大名茶之一，1985 年获中国质量奖银质奖，1990 年"龙潭"毛尖茶代表信阳毛尖品牌参加国家评比，取得绿茶综合品质第一名的好成绩，荣获中国质量奖金质奖，1982 年、1986 年评为部级优质产品，荣获全国名茶称号，1991 年在杭州国际茶文化节上，被授予"中国茶文化名茶"称号，1999 年获昆明世界园艺博览会金奖。信阳毛尖不仅走俏国内，在国际上也享有盛誉，远销日本、美国、德国、马来西亚、新加坡、香港等 10 多个国家和地区。产于河南信阳车云山。我国著名绿茶之一。

【鉴别方法】

信阳毛尖外形条索紧细、圆、光、直，银绿隐翠，内质香气新鲜，叶底嫩绿匀整，清黑色，一般一芽一叶或一芽二叶，假的为卷曲形，叶片发黄。

一、信阳毛尖新茶陈茶鉴别 外观：新茶色泽鲜亮，泛绿色光泽，香气浓爽而鲜活，白毫明显，给人有生鲜感觉；陈茶色泽较暗，光泽发暗甚至发乌，白毫损耗多，香气低闷，无新鲜口感。 茶汤：新茶汤色新鲜淡绿、明亮、香气鲜爽持久，滋味鲜浓、久长。叶底鲜绿清亮；陈茶汤色较淡，香气较低欠爽，滋味较淡，叶底不鲜绿而发乌，欠明亮，保管不好的，5 分钟后泛黄。

二、真假信阳毛尖鉴别

真信阳毛尖：汤色嫩绿、黄绿、明亮，香气高爽、清香，滋味鲜浓、醇香、回甘。芽叶着生部位为互生，嫩茎圆形、叶缘有细小锯齿，叶片肥厚绿亮。真毛尖无论陈茶，新茶，汤色俱偏黄绿，且口感因新陈而异，但都是清爽的口感。假信阳毛尖：汤色深绿、混暗，有苦臭气，并无茶香，且滋味苦涩、发酸，入口感觉如同在口内覆盖了一层苦涩薄膜，异味重或淡薄。茶叶泡开后，叶面宽大，芽叶着生部位一般为对生，嫩茎多为方型、叶缘一般无锯齿、叶片暗绿、柳叶薄亮。

君山银针

君山茶，始于唐代，清代纳入贡茶。君山，为湖南岳阳县洞庭湖中岛屿。岛上土壤肥沃，多为砂质土壤，年平均温度 16 ~ 17 度，年降雨量为 1340 毫米左右，相对湿度较大。春夏季湖水蒸发，云雾弥漫，岛上树木丛生，自然环境适宜茶树生长，山地遍布茶园。

清代，君山茶分为“尖茶”、“茸茶”两种。“尖茶”如茶剑，白毛茸然，纳为贡茶，素称“贡尖”。君山银针茶香气清高，味醇甘爽，汤黄澄高，芽壮多毫，条真匀齐，着淡黄色茸毫。冲泡后，芽竖悬汤中冲升水面，徐徐下沉，再升再沉，三起三落，蔚成趣观。

君山银针茶于清明前三四天开采，以春茶首轮嫩芽制作，且须选肥壮、多毫、长 25 ~ 30 毫米的嫩芽，经拣选后，以大小匀齐的壮芽制作银针。制作工序分杀青、摊凉、初烘、复摊凉、初包、复烘、再包、焙干等 8 道工序。

【鉴别方法】

产于湖南岳阳君山。由未展开的肥嫩芽头制成，芽头肥壮挺直、匀齐，满披茸毛，色泽金黄光亮，香气清鲜，茶色浅黄，味甜爽，冲泡看起来芽尖冲向水面，悬空竖立，然后徐徐下沉杯底，形如群笋出土，又像银刀直立。假银针为清草味，泡后银针不能竖立。

黄山毛峰

产于安徽省太平县以南，歙县以北的黄山。黄山是我国景色奇绝的自然风景区。那里常年云雾弥漫，云多时能笼罩全山区，山峰露出云上，像是若干岛屿，故称云海。黄山的松或倒悬，或偃卧，树形奇特。黄山的岩峰都是由奇、险、深幽的山岩聚集而成。云、松、石的统一，构成了神秘莫测的黄山风景区，这也给黄山毛峰茶蒙上了种种神秘的色彩。黄山毛峰茶园就分布在云谷寺、松谷庵、吊桥庵、慈光阁以及海拔 1200 米的半山寺周围，在高山的山坞深谷中，坡度达 30 — 50 度。这里气候温和，雨量充沛，土壤肥沃，上层深厚，空气湿度大，日照时间短。在这特殊条件下，茶树天天沉浸在云蒸霞蔚之中，因此茶芽格外肥壮，柔软细嫩，叶片肥厚，经久耐泡，香气馥郁，滋味醇甜，成为茶中的上品。

黄山毛峰茶起源于清代光绪年间，而黄山茶叶在 300 年前就相当著名了。黄山茶的采制相当精细，认清明到立夏为采摘期，采回来的芽头和鲜叶还要进行选剔，剔去其中较老的叶、茎，使芽匀齐一致。在制作方面，要根据芽叶质量，控制杀青温度，不致产生红梗、红叶和杀青不匀不透的现象；火温要先高后低，逐渐下降，叶片着温均匀，理化变化一致。每当制茶季节，临近茶厂就闻到阵阵清香。黄山毛峰的品质特征是：外形细扁稍卷曲，状如雀舌披银毫，汤色清澈带杏黄，香气持久似白兰。

【鉴别方法】

产于安徽歙县黄山。其外形细嫩稍卷曲，芽肥壮、匀齐，有锋毫，形状有点像“雀舌”，叶呈金黄色；色泽嫩绿油润。假茶呈土黄，味苦，叶底不成朵。

武夷岩茶

产于闽北"秀甲东南"的名山武夷，茶树生长在岩缝之中。武夷岩茶具有绿茶之清香，红茶之甘醇，是中国乌龙茶中之极品。武夷岩茶属半发酵茶，制作方法介于绿茶与红茶之间。其主要品种有“大红袍”、“白鸡冠”、“水仙”、“乌龙”、“肉桂”等。武夷岩茶品质独特，它未经窨花，茶汤却有浓郁的鲜花香，饮时甘馨可口，回味无究。18世纪传入欧洲后，倍受当地群从的喜爱，曾有“百病之药”美誉。

【鉴别方法】

产于福建崇安县。外形条索肥壮、紧结、匀整，带扭曲条形，俗称“蜻蜓头”，叶背起蛙皮状砂粒，俗称“蛤蟆背”，内质香气馥郁、隽永，滋味醇厚回甘，润滑爽口，汤色橙黄，清澈艳丽，叶底匀亮，边缘朱红或起红点，中央叶肉黄绿色，叶脉浅黄色，耐泡6–8次以上，假茶开始味淡，欠韵味，色泽枯暗。

祁门红茶

著名红茶精品，简称祁红，产于中国安徽省西南部黄山支脉区的祁门县一带。当地的茶树品种高产质优，植于肥沃的红黄土壤中，而且气候温和、雨水充足、日照适度，所以生叶柔嫩且内含水溶性物质丰富，又以8月份所采收的品质最佳。祁红外形条索紧细匀整，锋苗秀丽，色泽乌润（俗称“宝光”）；内质清芳并带有蜜糖香味，上品茶更蕴含着兰花香（号称“祁门香”），馥郁持久；汤色红艳明亮，滋味甘鲜醇厚，叶底（泡过的茶渣）红亮。清饮最能品味祁红的隽永香气，即使添加鲜奶亦不失其香醇。春天饮红茶以它最宜，下午茶、睡前茶也很合适。祁门茶叶，唐代就已出名。据史料记载，这里在清代光绪以前，并不生产红茶，而是盛产绿茶，制法与六安茶相仿，故曾有“安绿”之称。光绪元年，黟县人余干臣从福建罢官回籍经商，创设茶庄，祁门遂改制红茶，并成为后起之秀。至今已有100多年历史。祁门茶叶条索紧细秀长，汤色红艳明亮，特别是其香气酷似果香，又带兰花香，清鲜而且持久。既可单独泡饮，也可加入牛奶调饮。祁门茶区的江西“浮梁工夫红茶”是“祁红”中的佼佼者，向以“香高、味醇、形美、色艳”四绝驰名于世。

都匀毛尖

又名“白毛尖”、“细毛尖”、“鱼钩茶”、“雀舌茶”，是贵州三大名茶之一，中国十大名茶之一。产于贵州都匀市，属布衣族、苗族自治区。都匀位于贵州省的南部，市区东南东山屹立，西面龙山对峙。都匀毛尖主要产地在团山、哨脚、大槽一带，这里山谷起伏，海拔千米，峡谷溪流，林木苍郁，云雾笼罩，冬无严寒，夏无酷暑，四季宜人，年平均气温为 16 C，年平均降水量在 1400 多毫米。加之土层深厚，土壤疏松湿润，土质是酸性或微酸性，内含大量的铁质和磷酸盐，这些特殊的自然条件不仅适宜茶树的生长，而且也形成了都匀毛尖的独特风格。

安溪铁观音

安溪铁观音茶产于福建省安溪县。属青茶类，是我国著名乌龙茶之一。安溪铁观音茶历史悠久，素有茶王之称。据载，安溪铁观音茶起源于清雍正年间（1725 — 1735 年）。安溪县境内多山，气候温暖，雨量充足，茶树生长茂盛，茶树品种繁多，姹紫嫣红，冠绝全国。

安溪铁观音茶，一年可采四期茶，分春茶、夏茶、暑茶、秋茶。制茶品质以春茶为最佳。采茶日之气候以晴天有北风天气为好，所采制茶的品质最好。因此，当地采茶多在晴天上午 10 时至下午 3 时前进行。铁观音的制作工序与一般乌龙茶的制法基本相同，但摇青转数较多，凉青时间较短。一般在傍晚前晒青，通宵摇青、凉青，次日晨完成发酵，再经炒揉烘焙，历时一昼夜。其制作工序分为晒青、摇青、凉青、杀青、切揉、初烘、包揉、复烘、烘干 9 道工序。品质优异的安溪铁观音茶条索肥壮紧结，质重如铁，芙蓉沙绿明显，青蒂绿，红点明，甜花香高，甜醇厚鲜爽，具有独特的品味，回味香甜浓郁，冲泡 7 次仍有余香；汤色金黄，叶底肥厚柔软，艳亮均匀，叶缘红点，青心红镶边。历次参加国内外博览会都独占鬼首，多次获奖，享有盛誉。

六安瓜片

六安瓜片（又称片茶），为绿茶特种茶类。采自当地特有品种，经扳片、剔去嫩芽及茶梗，通过独特的传统加工工艺制成的形似瓜子的片形茶叶。“六安瓜片”具有悠久的历史底蕴和丰厚的文化内涵。早在唐代，《茶经》就有“庐州六安（茶）”之称；明代科学家徐光启在其著《农政全书》里称“六安州之片茶，为茶之极品”；明代李东阳、萧显、李士实三名士在《咏六安茶》中也多次提及，曰“七碗清风自六安”“陆羽旧经遗上品”，予“六安瓜片”以很高的评价；“六安瓜片”在清朝被列为“贡品”，慈禧太后曾月奉十四两；大文学家曹雪芹旷世之作《红楼梦》中竟有 80 多处提及，特别是“妙玉品茶（六安瓜片）”一段，读来令人荡气回肠；到了近代，“六安瓜片”被指定为中央军委特贡茶，开国总理周恩来同志临终前还念唠着“六安瓜片”；1971 年美国前国务卿第一次访华，“六安瓜片”还作为国家级礼品馈赠给外国友人。可见，“六安瓜片”在中国名茶史上一直占据显著的位置。

“六安瓜片”驰名古今中外，还得惠于其独特的产地、工艺和品质优势。主产地是革命老区金寨县，全县地处大别山北麓，高山环抱，云雾缭绕，气候温和，生态植被良好，是真正大自然中孕育成的绿色饮品。同时，“六安瓜片”的采摘也与众不同，茶农取自茶枝嫩梢壮叶，因而，叶片肉质醇厚，营养最佳，是我国绿茶中唯一去梗去芽的片茶。六安瓜片一般都采用两次冲泡的方法，先用少许的水温润茶叶，水温一般在 80℃，因为春茶的叶比较嫩，如果用 100℃来冲泡就会使茶叶受损，茶汤变黄，味道也就成了苦涩味，“摇香”能使茶叶香气充分发挥，使茶叶中的内含物充分溶解到茶汤里。待茶汤凉至适口，品尝茶汤滋味，宜小口品啜，缓慢吞咽，让茶汤与舌头味蕾充分接触，细细领略名茶的风韵。此时舌与鼻并用，可从茶汤中品出嫩茶香气，顿觉沁人心脾。此谓一开茶，着重品尝茶的头开鲜味与茶香，饮至杯中茶汤尚余三分之一水量时（不宜一开全部饮干），再续加开水，谓之二开茶。如若泡饮茶叶肥壮的名茶，二开茶汤正浓，饮后舌本回甘，余味无穷，齿颊留香，身心舒畅。饮至三开，一般茶味已淡，续水再饮就显得淡薄无味了。

中茶

中国茶叶股份有限公司

企业文化：“中茶”牌是中茶公司旗下的一款畅销海内外的知名茶叶品牌。中茶公司成立于1949年，是世界500强之一中粮集团有限公司（COFCO）成员企业，是新中国成立后首家由中央批准成立的全国性专业总公司。中茶公司拥有可控茶园7万亩，在诸多名优茶产区建立了茶园基地与生产加工基地，控制优质茶叶资源，从源头开始，为茶叶生产提供了天然、绿色、健康、安全的高品质原料，有力地保障了中茶产品的卓越品质。中茶公司生产加工基地遍布全国主要茶产区，年生产加工能力5.5万吨。中茶一直致力于茶叶生产技术的发展，拥有国内茶叶企业最先进的、最完备的生产加工技术和设备，专业化程度高，生产标准严格。中茶公司产品体系丰富，覆盖中国十大产区和世界重要产茶国的优质茶叶资源及全部茶叶种类。"全球信赖，茶品典范"，中茶与您携手共享美好生活！

产地简介：中茶公司在云南名优茶树品种产区建有茶园基地及生产加工基地，控制优质茶叶资源。从源头提供天然、绿色、健康、安全的高品质原料“中茶”牌普洱鲜叶原料，来自美丽的西双版纳地区。这里位于热带湿润地区，得天独厚的地理环境和气候条件，确保了云南大叶种内含物质的丰富。久经陈华的普洱熟茶仍旧香气持久。

产品年度介绍：臻选云南西双版纳易武正山海拔1300米以上深山原生态云南大叶种大乔木茶春蕊，纯手工石模压制，每饼净重357克，圆饼状普洱茶（生茶），饼形圆润饱满厚实，饼面条索肥壮紧实润泽，银毫显露，香气清香浓郁透绵长花香，似雨后山野清新怡人，汤色绿黄透亮，味酽饱满，喉韵鲜甜，回味悠长。

品称：中茶牌－易武乔木大古树圆茶－生茶

类别：黑茶

规格：357g/饼

净含量：357g

原料产地：云南西双版纳

茶叶配料：云南普洱

统一市场零售价：1580.00元

品称：中茶牌－闻思茶砖－熟茶

类别：黑茶

规格：1000g/砖

净含量：1000g

原料产地：云南勐海

茶叶配料：大叶种优质晒青毛茶

统一市场零售价：348.00元

品称：七年陈 55 周年盒装熟散茶

类别：黑茶

规格：250g*1 盒

净含量：250g

原料产地：云南勐海

茶叶配料：大叶种优质晒青毛茶

统一市场零售价：150.00 元

品称：七年陈中茶贡饼熟饼

类别：黑茶

规格：200g*1 片

净含量：200g

原料产地：云南勐海

茶叶配料：大叶种优质晒青毛茶

统一市场零售价：298.00 元

品称：春之韵之布朗山青饼（生）
类别：黑茶
规格：200g*1片
净含量：200g
原料产地：云南勐海
茶叶配料：大叶种优质晒青毛茶
统一市场零售价：60.00元

冲泡方法：

1. 取适量茶叶置入杯中，用量结合个人口味按需增减。
2. 洗茶，即将沸水缓缓注入杯中，通过洗茶，达到“涤尘润茶”的目的。
3. 片刻，将第一泡茶汤分别倒入杯中起到烫杯的作用。
4. 将沸水再次均匀注入，茶水交融，使茶香充分散发，冲后立即加盖，以保茶香。
5. 将泡好的茶汤倒入品茗杯，此时举杯鼻前，可得幽幽茶香，用心品茗，令人陶醉。

购买指南

实体店购买：品牌专卖店或茶百科实体店。
网络购买：shop.chabaike.cn 或品牌官方网站。
电话购买：茶百科服务热线 400-606-6060

吴郡®
WUJUNTEA

吴郡

苏州吴郡碧螺春茶叶有限公司

企业文化：苏州吴郡碧螺春茶叶有限公司成立于2002年，已形成以苏州为生产基地，以北京、上海、南京等大城市为营销轴心，辐射全国的营销网络。“吴郡”作为碧螺春的领军品牌，传承古法，用独特工艺秘制出一如明清时代的顶级碧螺春。先后荣获了“中国茶叶行业百强”“世界绿茶金奖”“江苏省名牌产品”等荣誉，同时，研发出具有纯正江苏味的“苏州红茶”，今年又研发出“炭性高山老宋茶”和“古焙金砖大红袍”等优秀产品。

2012年“北京吴郡玉叶文化发展有限公司”成立，将逐步形成以苏州吴郡碧螺春有限公司为“生产基地”，以北京吴郡玉叶文化发展有限公司为“管理中心”的茶行业全产业链的运营平台，构筑行业标准，引领企业发展。

产地简介：碧螺春属于绿茶。是全国十大名茶之一。产于江苏省苏州市太湖洞庭山。洞庭山又分东、西两山（即现在的东山镇、金庭镇），洞庭东山是宛如一个巨舟伸进太湖的半岛，洞庭西山（现改为金庭镇）是一个屹立在湖中的岛屿。两山气候温和，年平均气15.5-16.5° C，年降雨量1200-1500毫米，太湖水面，水气升腾，雾气悠悠，空气湿润，土壤呈微酸性或酸性，pH值4 ~ 6。土壤中有机质、磷含量较高，加之质地疏松，极宜于茶树生长。因主产于江苏省苏州市吴县太湖的洞庭山，所以又称“洞庭碧螺春”。

碧螺春茶始于明代，俗名“吓煞人香”，到了清代康熙年间，康熙皇帝视察并品尝了这种汤色碧绿、卷曲如螺的名茶，倍加赞赏，但觉得“吓煞人香”其名不雅，于是题名“碧螺春”。从此成为年年进贡的贡茶。洞庭碧螺春的种植是茶树、果树间作。茶树和桃、李、杏、梅、柿、桔、白果、石榴等果木交错种植。茶树、果树枝桠相连，根脉相通，茶吸果香，花窨茶味，陶冶着碧螺春花香果味的天然品质。正如明代《茶解》中所说：“茶园不宜杂以恶木，唯桂、梅、辛夷、玉兰、玫瑰、苍松、翠竹之类与之间植，亦足以蔽覆霜雪，掩映秋阳。”茶树、果树相间种植，令碧螺春茶独具天然茶香果味，品质优异。有许多与其他名茶不同的特点，碧螺春乃茶中珍品，以"形美、色艳、香高、味醇"闻名中外。

产品年度介绍：吴郡碧螺春的品质特征：外形条索纤细，卷曲呈螺，茸毛披覆，银绿隐翠；香气浓郁；滋味鲜爽生律，回味甘甜绵长、鲜醇；汤色嫩绿清澈，叶底柔匀。吴郡苏州红品质特征：外形条索紧细，锋苗显秀，显金毫之色；香气为花果香、薯香和自然醇香为一体的综合香型；滋味甘醇鲜美，喉润悠长；汤色红艳带金色光晕。

名 称：碧螺春
货 号：仁
等 级：臻品
净含量：3g×32 袋
统一市场零售价：999.00 元

名 称：碧螺春
货 号：义
等 级：特级
净含量：75g×4 罐
统一市场零售价：799.00 元

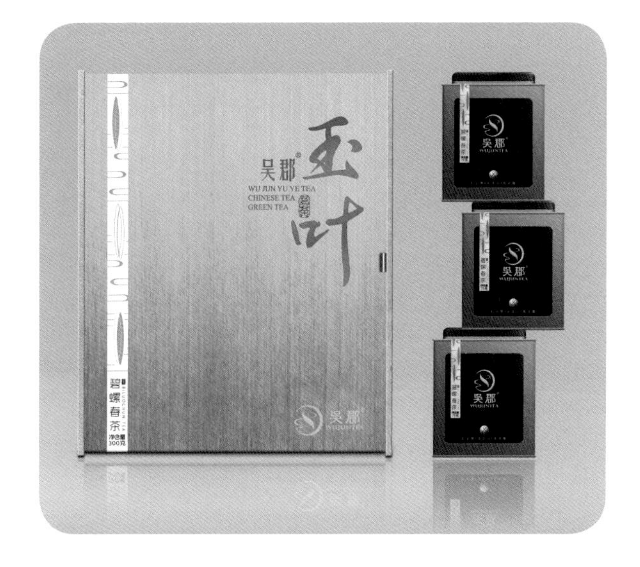

碧螺春冲泡方法：

1. 先将开水倒入杯中（约 1/2 杯水；水以山泉水、纯净水为佳）；
2. 待水温降至 80℃左右，取碧螺春 3–5 克，采用上投法，将茶叶投入杯中；待茶叶完全舒展后，再次充满水，即可小口品饮；
3. 饮至杯中茶汤尚余 1/2 时（不宜全部饮干），再续水品饮；

名 称：碧螺春
货 号：礼
等 级：一级
净含量：100g×3 罐
统一市场零售价：399.00 元

名 称：苏州红
货 号：仁
等 级：臻品
净含量：3g×32 袋
统一市场零售价：880.00 元

苏州红冲泡方法：

1、取 3-5 克苏州红置入杯中，用 85℃开水冲泡（水以山泉水、纯净水为佳）。

2、待茶叶完全舒展后，即可品饮；饮至杯中茶汤尚余 1/2 时，再续水品饮；加奶饮用，味尤鲜滑可口。

名 称：苏州红
货 号：义
等 级：特级
净含量：75g × 4 罐
统一市场零售价：680.00 元

名 称：苏州红
货 号：礼
等 级：一级
净含量：100g × 3 罐
统一市场零售价：380.00 元

饮用器皿：

1. 紫砂壶、紫砂杯为最佳，其次陶瓷壶、陶瓷杯；
2. 也可用上等玻璃杯来品饮，既可品尝又可欣赏；
3. 塑料杯决不可沏茶。

购买指南

实体店购买：品牌专卖店或茶百科实体店。
网络购买：shop.chabaike.cn 或品牌官方网站。
电话购买：茶百科服务热线 400-606-6060

文帝贡茶

北京江南茗品茶业有限公司

企业文化：文帝贡茶是一家集茶叶基地管理，茶叶、茶具的研发、生产、销售于一体的大型专业化企业。企业在福建、云南都拥有相对规模的初制厂和精制厂，绿色有机茶生产基地两千余亩，产品范围涵盖铁观音系列、大红袍系列、红茶系列、普洱茶系列和高端茶具等。文帝贡茶始终以老传统工艺制茶，缔造最具中国特色的茶叶顶级品牌。 “文帝贡茶”品牌加盟活动正在全国广泛推广中，欢迎有志之士与我们携手共进，倾力打造中国民族品牌，弘扬中华国饮。

产地简介：企业在福建、云南都拥有相对规模的初制厂和精制厂，绿色有机茶生产基地两千余亩，产品范围涵盖铁观音系列、大红袍系列、红茶系列、普洱茶系列和高端茶具等。文帝贡茶始终以老传统工艺制茶，缔造最具中国特色的茶叶顶级品牌。文帝名茶基地位于福建安溪和武夷山，生态环境极佳，山清水秀，峰峦叠翠，空气纯净，气候温和，雨量充沛，常年云雾缭绕，是生产优质茶的理想之地。

产品年度简介：铁观音茶，产于福建省泉州市安溪县，发明于1725—1735年，属于乌龙茶类，是中国十大名茶之一乌龙茶类的代表。介于绿茶和红茶之间，属于半发酵茶类，铁观音独具“观音韵”，清香雅韵，“七泡余香溪月露 满心喜乐岭云涛 ”。

品称：YP1980- 陈年铁观音（金）
类别：乌龙茶
规格：300g*1 盒
净含量：300g
原料产地：福建安溪
茶叶配料：安溪铁观音
统一市场零售价：1980.00 元

品称：YP1980- 传统铁观音（红盒）
类别：乌龙茶
规格：300g*1 盒
净含量：300g
原料产地：福建安溪
茶叶配料：安溪铁观音
统一市场零售价：1980.00 元

品称：EP880－传统铁观音（红盒）
类别：乌龙茶
规格：330g*1 盒
净含量：330g
原料产地：福建安溪
茶叶配料：安溪铁观音
统一市场零售价：880.00 元

品称：EP880－陈年铁观音（银盒）
类别：乌龙茶
规格：330g*1 盒
净含量：330g
原料产地：福建安溪
茶叶配料：安溪铁观音
统一市场零售价：880.00 元

品称：君临天下铁观音
类别：乌龙茶
规格：300g*1 盒
净含量：300g
原料产地：福建安溪
茶叶配料：安溪铁观音
统一市场零售价：5800.00 元

品称：九五至尊铁观音
类别：乌龙茶
规格：400g*1 盒
净含量：400g
原料产地：福建安溪
茶叶配料：安溪铁观音
统一市场零售价：9500.00 元

冲泡方法：

首先，将铁观音倒入盖碗或者紫砂壶中，盖碗或紫砂壶必须先烫一下，否则会吸茶香

第二步，水烧沸腾，倒入水在盖碗或紫砂壶中，用盖子将泡沫撇清，盖上盖子，第一泡为洗茶，水可以浇茶宠或者洗杯，水要控干。否则泡出来的茶会涩。闻茶香。

第三步，将水注入盖碗或壶中，根据个人口感，选择出水时间，一般 3 秒就出水，清淡点为好。随后几泡出水时间可以慢慢延长，注意：每泡出水必须控干。

购买指南

实体店购买：品牌专卖店或茶百科实体店。
网络购买：shop.chabaike.cn 或品牌官方网站。
电话购买：茶百科服务热线 400-606-6060

明水堂

嘉振茶业股份有限公司

企业文化：嘉振茶业累积三代人传承的制茶经验，将茶叶从原本传统栽种、制茶的经验，提升到现代茶园管理水平上，采取了多项科技创新，包括现代健康理念的有机栽种，秉承着茶人专注、细心、执着的处世态度，以茶道文化推广，稳定的品质掌握，实惠的回馈行动，不论是何人，都能很快进入高山茶的精华领域。明水堂品牌，结合地方特色，形成台湾多样化的文化，所见一枝一叶之隽永回甘的好滋味，处处蕴含着嘉振人的汗水、智慧与用心。

产地简介：一枝一叶均产自于台湾高山，凝结着明水堂人的汗水和智慧，专家选送，品质上乘，更是茶世家对茶友们一贯的承诺。

产品年度简介：东方美人茶，台湾特有的茶款，温和甜滑，具有迷人的熟果香及独特蜜味。

品称：东方美人茶
类别：乌龙茶
规格：50g*1 盒
净含量：50g
原料产地：中国台湾
茶叶配料：东方美人茶
统一市场零售价：360.00 元

品称：大禹岭茶
类别：乌龙茶
规格：100g*1 盒
净含量：100g
原料产地：中国台湾
茶叶配料：大禹岭茶
统一市场零售价：980.00 元

冲泡方法：
水温不能太烫，以摄氏 88-93℃最为适宜，浸泡约 30-45 秒后倒出。而茶具方面最好选用透明玻璃杯或白色盖碗，才能清楚地欣赏茶叶在水中的美姿及琥珀茶色。

购买指南
实体店购买：品牌专卖店或茶百科实体店。
网络购买：shop.chabaike.cn 或品牌官方网站。
电话购买：茶百科服务热线 400-606-6060

大益

云南大益茶业集团

TAETEA 大益茶

企业文化：大益是目前中国首屈一指的现代化大型茶业集团。大益使命：基于“奉献健康，创造和谐”的理念，不断提供高品质茶叶产品及相关服务，提升广大消费者生活品质；通过企业物质及精神财富的创造、传承与回馈，令社会大众从企业发展过程中持续地分享与受益。大益愿景：努力成为中国最佳茶品供应商，使“大益”成为推动“茶为国饮”、推动中国茶产业与茶文化走向世界的领导品。大益企业文化：大益本着共赢合作创造和分享价值的原则，以品牌为先导，渠道为依托，不断强化领先技术与创新服务，满足消费者日益增长的茶相关消费需求。品牌释义：茶为健康之饮，以其绿色生态、富含对人体多种有益物质，被誉为21世纪的天然饮品。此为身体之“益”；茶为文明之饮，是修心养性、启迪智慧的媒介。此为精神之“益”；茶为和谐之饮，雅俗共赏，是人与人之间友好、文明交往的桥梁。此为沟通之“益”。大益核心价值观：坚持诚信、共促绩效、力求创新、勇担责任。

产地简介：勐海茶厂坐落于世界茶树发源地、同时也是驰名中外的普洱茶原产地——风景如画的西双版纳傣族自治州勐海县境内。勐海茶厂广泛占有优质原料，形成了大益茶的产地价值。勐海，位于云南南部，隶属于西双版纳傣族自治州。勐海是世界茶树的原产地区之一和云南大叶种茶的发源地，同时也是闻名世界的现代普洱茶起源地和核心产区。勐海的产地价值可分为地理因素和气候因素两方面。勐海全境地质结构属我国七大火山带之一的冈底斯山，火山带构成了独特的地形、地貌生态。这样一种世界火山生态磁化带的地理条件，非常有利于茶树生长。

产品年度简介：在合适的储存条件下，在一定的时间范围内，普洱茶的内质和品饮口感会随着时间的推移而改善，这也是普洱茶的年份价值。与此相对应，充足的原料储备，对于形成产品差异化和市场竞争优势而言，具有较为重要的意义。在这方面，勐海茶厂的万吨原料储备，是大益茶独特内质赖以形成的又一法宝。好茶，自有大益。

品称：丹青（2013）
类别：普洱熟茶
规格：357g*1 饼
净含量：357g
原料产地：勐海茶厂
茶叶配料：云南普洱
统一市场零售价：450.00 元

品称：甲级早春（2007）
类别：普洱生茶
规格：380g*1 饼
净含量：380g
原料产地：勐海茶厂
茶叶配料：云南普洱
统一市场零售价：600.00 元

冲泡方法：

取茶碗（最好是盖碗）选择 5 克左右（也就是一块巧克力大小）投入碗中，用高温沸水进行冲泡。第一次浸泡时间控制在 15 秒以内，不要喝，要倒掉（叫洗茶）。然后再次注水，浸泡时间根据个人爱好而定，如果喜欢喝浓一点就多泡一会儿，喜欢淡一点就少泡一会儿。但最长的浸泡时间也不要超过 30 秒。

御牌

杭州龙井茶业集团有限公司

企业文化：御牌西湖龙井鲜叶产于杭州市西湖区。这里土地肥沃、气候温和、雨量充沛，常年云雾缭绕。原料执行 ISO9001:2000 国际质量体系，ISO14000 环境质量体系认证。良好的自然条件，加上精心的培育、采摘和独特的传统手工炒制方法，形成了“御”牌西湖龙井茶超群的品质。御牌西湖龙井被评为“西湖名特优茶”、“杭州市农业龙头企业”、“浙江省无公害名特优茶”，被省工商局认定为“浙江名牌”产品，荣获“浙江省著名商标”称号，获得“浙江省农业博览会金奖”。2008 年“御”字商标又被评为中国驰名商标，浙江省省级骨干农业龙头企业。2009 年御牌西湖龙井制作技艺被评为中国非物质文化遗产。

产品年度简介：御牌龙井特级茶扁平光滑挺直，色泽嫩绿光润，香气鲜嫩清高，滋味鲜爽甘醇，叶底细嫩呈朵。

品称：御牌西湖龙井 D02
类别：绿茶
规格：100g*2 罐
净含量：200g
原料产地：浙江杭州
茶叶配料：西湖龙井
统一市场零售价：498.00 元

品称：御牌西湖龙井 D03
类别：绿茶
规格： 100g*2 罐
净含量：200g
原料产地：浙江杭州
茶叶配料：西湖龙井
统一市场零售价：418.00 元

冲泡方法：

1. 将烧开的水倒入玻璃杯中至 1/3，轻轻摇晃，进行温杯，然后弃去。
2. 取适量茶叶入杯，茶与水的比例一般为 50:1 。
3. 将晾至 85℃的水冲入玻璃杯 1/3 处，先将茶芽浸没，朝一个方向轻轻摇动玻璃杯。使茶香快速激发。
4. 继续次冲入 85℃的水，至七分满。待 1-2 分钟，便可品饮。
5. 品茶时，先闻其香，后观其形，再品其味。品一杯香茗，心旷神怡。

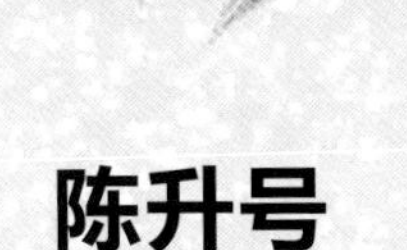

陈升号

知茗堂（北京）茶业有限公司

企业文化：知茗堂（北京）茶业有限公司始创于 1993 年，前身名为北京先鸣茶业有限公司，是由总经理黄先鸣先生一手创办起来的，经过二十年发展，目前公司已成为一家专业的普洱茶品牌运营商。知茗堂目前主要经营“鸿运当头 · 贺岁茶”和“天长地久 · 勐库茶”两个普洱茶文化品牌。两款普洱茶均产于云南，是云南普洱茶著名产区的拳头产品。普洱茶的优良品质，不仅表现在它的香气浓郁、滋味醇厚等饮用价值上，还在于它有一定的药效。普洱茶可以长期储存和越陈越香的特点，决定了其具有收藏和投资的价值。特别是普洱茶生茶，因为是后发酵茶，存放的年份越久，品质越好。这是其他茶类所不具备的特征。随着大众对普洱茶的了解日益加深，普洱茶的消费和收藏市场也将越来越大。知茗堂 2012 年成功运作了中国第一款贺岁茶“鸿运当头”，创领了中国贺岁茶文化，得到了业界以及社会的广泛关注，产品受到了消费者的一致好评，对拓展普洱茶业销售市场、宣传普洱茶业文化都起到了积极的推动作用。

产地简介：知茗堂目前运作的“天长地久 · 勐库茶”产自云南双江勐库茶叶有限责任公司，“勐库戎氏”是中国驰名商标，因为拥有勐库大雪山的千年万亩古茶树群的丰富资源而备受世人瞩目。“天长地久 · 勐库茶”以千年古树茶群为原料供应地，再经传统制茶工艺精心炒制，淬炼出至真至美的上上之品，该原生态大树茶品茶峰显露、茶条肥硕、内质丰富、茶味浓郁香甜，受到众多收藏爱好者和爱茶人士的热捧。

产品年度简介：“鸿运当头 · 贺岁茶”和“天长地久 · 勐库茶”两个品牌普洱茶。两款普洱茶均产于云南，是云南普洱茶著名产区的拳头产品。普洱茶的优良品质，不仅表现在它的香气浓郁、滋味醇厚等饮用价值上，还在于它有一定的药效。普洱茶可以长期储存和越陈越香的特点，决定了其具有收藏和投资的价值。

品称：鸿运当头
类别：黑茶
规格：1kg*1 块
净含量：1kg
原料产地：云南勐库
茶叶配料：云南勐库乔木大树茶
统一市场零售价：1680.00 元

品称：天成地久勐库茶系列 · 勐库大树（礼盒装）
类别：黑茶
规格：357g 圆饼加 357g 方砖
净含量：714g
原料产地：云南勐库
茶叶配料：云南勐库乔木大树茶
统一市场零售价：1800.00 元

品称：天成地久勐库茶系列 · 勐库茶王（礼盒装）
类别：黑茶
规格：500g 圆饼加 499g 方砖
净含量：999g
原料产地：云南勐库
茶叶配料：云南勐库乔木大树茶
统一市场零售价：5000.00 元

冲泡方法：

取茶碗（最好是盖碗）选择 5 克左右（也就是一块巧克力大小）投入碗中，用高温沸水进行冲泡。第一次浸泡时间控制在 15 秒以内，不要喝要倒掉（叫洗茶）。然后再次注水，浸泡时间根据个人爱好而定，如果喜欢喝浓一点就多泡一会儿，喜欢淡一点就少泡一会儿。但最长的浸泡时间也不要超过 30 秒。

久扬

湖南久扬茶业有限公司

企业文化：湖南久扬茶业有限公司是一家拥有上万平方米厂房、成套的先进设备、技术拔尖人才的二十多年黑茶生产加工历史的企业，本部设立于中国黑茶发源地——湖南省安化县，以自身二十多年的生产加工经验为基础，完整地传承了安化一千多年黑茶生产技艺与文化，并致力于成为高品质产品的生产者与高品味生活的缔造者。二十余年来，久扬人一直秉承诚信、勤劳、敬业、开拓的企业信条，把传统产品的深制作与新产品的研发紧密结合在一起，企业多次被各级技术监督部门评定为“产品质量信得过单位”，所经营的“久扬牌”茶产品多次在国内、国际博览会获奖。公司产品覆盖北京、广东、上海、山东、浙江、新疆、青海等省市，并远销东南亚、日本等地区与国家，以品种多、质量好、信誉高的优质形象，赢得了广大消费者的青睐。

产地简介：久扬茶业基地设立在黑茶的发源基地——湖南安化县。安化县境内群山连片，水系密度大。雨量充沛，严寒期短。这种高山坡地土壤以板页岩风化发育的土地面积居多，土壤以酸性和弱酸性为主，氮、钾等有机质含量丰富。土质较好，养分含量较高。适宜茶树生长，来自安化的茶树鲜叶原料，确保了久扬黑茶的高品质。

产品年度简介：久扬茯砖茶以安化黑毛茶为原料，经数道工艺程序精制加工而成。砖面平整，棱角分明、厚薄一致、黄褐色稍深、发花普遍茂盛。香气纯正、汤色褐黄、滋味醇和。

品称：茯砖茶
类别：黑茶
规格：800g*1 块
净含量：800g
原料产地：湖南安化
茶叶配料：安化黑毛茶
统一市场零售价：208.00 元

品称：黑砖茶
类别：黑茶
规格：1000g*1 块
净含量：1kg
原料产地：湖南安化
茶叶配料：安化黑毛茶
统一市场零售价：218.00 元

品称：花砖茶
类别：黑茶
规格：1000g*1 块
净含量：1kg
原料产地：湖南安化
茶叶配料：安化黑毛茶
统一市场零售价：218.00 元

品称：千两散饼
类别：黑茶
规格：750g*1 饼
净含量：750g
原料产地：湖南安化
茶叶配料：安化黑毛茶
统一市场零售价：398.00 元

品称：天尖
类别：黑茶
规格：2kg*1 篓
净含量：2kg
原料产地：湖南安化
茶叶配料：安化黑毛茶
统一市场零售价：528.00 元

冲泡方法：

1. 取适量茶叶，用量结合个人口味按需增减。
2. 洗茶，即将沸水缓缓注入杯中，通过洗茶，达到“涤尘润茶”的目的。
3. 片刻，将第一泡茶汤分别倒入杯中起到烫杯的作用。
4. 将沸水再次均匀注入，茶水交融，使茶香充分散发，冲后立即加盖，以保茶香。
5. 将泡好的茶汤倒入品茗杯，此时举杯鼻前，可得幽幽茶香，用心品茗、令人陶醉。煮饮口味更佳。

购买指南

实体店购买：品牌专卖店或茶百科实体店。
网络购买：shop.chabaike.cn 或品牌官方网站。
电话购买：茶百科服务热线 400-606-6060

徽六　　安徽省六安瓜片茶业股份有限公司

企业文化：徽六六安瓜片是中国唯一"中华老字号"瓜片品牌。"徽六瓜片"曾获国际"巴拿马"金奖，2001 年在中国（芜湖）国际茶叶博览会获"茶王"称号，2007 年被选为国礼茶赠送外宾、2008 年喜获中国名牌产品光荣称号。其生产企业属于中国茶叶行业百强企业。

产地简介：徽六生产基地地处国家认证唯一原产地核心区域，坐拥万亩专属茶园，成就中国最大的六安瓜片生产基地。六安瓜片的正宗原产地域六安市裕安区、金寨县，地处大别山北麓，高山环抱，云雾缭绕，气候温和，成为了茶树生长不可多得的自然天堂。如此佳境，掩映着徽六六安瓜片的万亩茶园，天然的灵犀，山水的孕育，赋予了它不可复制的自然造化。

产品年度简介：六安瓜片形似瓜子，自然平展，叶缘微翘；色泽宝绿，起润有霜；闻之清香高长持久；口感醇厚，汤色黄绿明亮。且耐冲泡，为茶中上品。

品称：地一六安瓜片
类别：绿茶
规格：70g*4 盒
净含量：280g
原料产地：安徽六安
茶叶配料：独山中小叶种
统一市场零售价：880.00 元

品称：地二六安瓜片
类别：绿茶
规格：70g*2 盒 *2 条
净含量：280g
原料产地：安徽六安
茶叶配料：独山中小叶种
统一市场零售价：680.00 元

品称：天一六安瓜片
类别：绿茶
规格：250g/ 盒
净含量：250g
原料产地：安徽六安
茶叶配料：独山中小叶种
统一市场零售价：3980.00 元

品称：天二六安瓜片
类别：绿茶
规格：100g*2 盒
净含量：200g
原料产地：安徽六安
茶叶配料：独山中小叶种
统一市场零售价：2980.00 元

品称：天三六安瓜片

类别：绿茶

规格：70g*4 盒

净含量：280g

原料产地：安徽六安

茶叶配料：独山中小叶种

统一市场零售价：1380.00 元

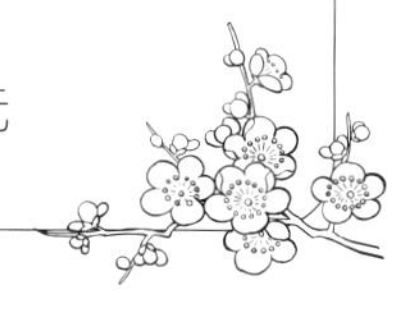

冲泡方法：

1. 取适量片茶放入杯中；
2. 用 85–95℃沸水高冲、缓收；
3. 起壶至茶具 2/3 处加盖稍候片刻后即可品饮。

购买指南

实体店购买：品牌专卖店或茶百科实体店。

网络购买：shop.chabaike.cn 或品牌官方网站。

电话购买：茶百科服务热线 400-606-6060

Heimeiren 黑美人

黑美人　　湖南省黑美人茶业有限公司

企业文化：湖南黑美人茶业有限公司由湖南省三益茶业有限公司和安化黑美人茶业有限公司共同组建，黑美人茶业综合了三益茶业的行业龙头优势，安化黑美人公司的营销平台和茶产品、茶文化推广优势。黑美人茶业自成立以来，就把自己的目标定位于打造原料最优、加工最精、品位最高的黑茶礼品、藏品与消费品。2007 年 10 月，在北京举行的第四届中国国际茶业博览会上，“黑美人牌”天尖千两茶一举夺得金奖。黑美人茶业公司又于 2008 年荣获湖南省科技厅授予的“双高”企业、以及湖南省人民政府授予的“湖南食品行业最受大众欢迎十大企业”称号。

产地简介：3800 亩桃源大叶种茶园基地优势与现代加工管理技术优势；安化黑美人公司的营销平台和茶产品、茶文化推广优势；秉承百年的传统加工技术优势和独特的生产环境优势；致力于打造湖南省乃至全国的黑茶产业龙头。

产品年度简介：黑美人黑茶色泽乌黑，条索均匀刚挺，具有纯正松烟香，口感醇爽鲜洌，回味悠长。

品称：一品茯砖茶
类别：黑茶
规格：800g*1 块
净含量：800g
原料产地：湖南安化
茶叶配料：黑毛茶
统一市场零售价：280.00 元

品称：美人茶（尊品）
类别：黑茶
规格：3g*6 袋 *10 盒
净含量：180g
原料产地：湖南安化
茶叶配料：芽尖
统一市场零售价：580.00 元

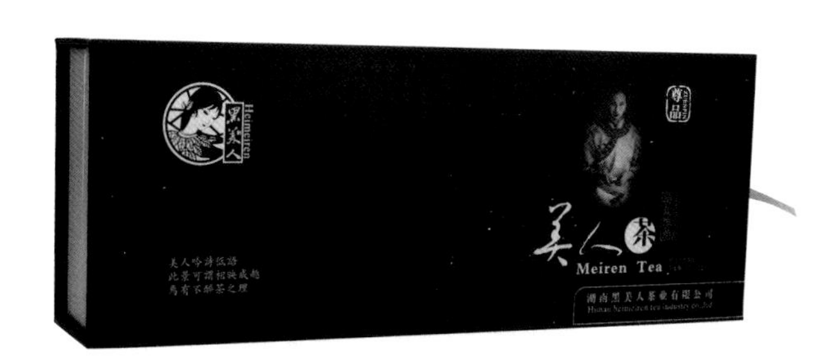

冲泡方法：
1. 分 量：置放相对于茶壶 2/5 的茶量；
2. 水 温：100℃；
3. 浸泡时间：约 10 秒至 30 秒；
4. 冲泡次数：约 10 次。

台湾奇楠

台湾远东奇楠沉香农业科技有限公司

企业文化：台湾远东奇楠沉香农业科技有限公司，在台湾、海南、广东、广西、云南等地拥有数万亩的沉香种植基地。结合日本与台湾在远东地区最精湛的生物科学人工结香技术，进行国际级超优质 99.99 沉香纯油提取，沉香佛香、相关沉香工艺品的生产与供应。台湾远东奇楠沉香茶的制造乃薪传台湾高山乌龙茶的工艺名师，秉持古法精制烘焙而成，独树一帜，充分展现了沉香的神奇风韵，深受广大爱茶人士推崇，为最值得珍藏的茗宝。台湾奇楠沉香，力求打造国内沉香产业链龙头，树立沉香系列产品专业第一品牌。

产地简介：本品产于广东，拥有数万亩沉香种植基地，结合日本与台湾在远东地区最精湛的生物科学人工制香技术，秉持古法精制烘焙而成，独树一帜，充分展现了沉香的神奇风韵。

产品年度简介：

沉香 (白木香)Aquilaria sinensis 属瑞香科植物，在广东的粤西沿海最适合沉香生长。白木香以其含树脂的木材入药，药材名为沉香，为国产中药沉香的正品来源，也是我国生产中药沉香的唯一植物资源。

其功用与进口中药沉香 (同属植物沉香 Aq—uilariaagallocha Roxb) 的含树脂的木材相同。中药沉香乃是中国、日本、印度及其他东南亚国家的传统名贵药材和名贵的天然香料。

沉香茶含有人体必需的生命元素量极丰富，如钙、锌、铁、锰等和维生素，是人体很好的特殊营养物的补充剂，也是保持人体正常生命活动的重要基础，并对体内多种不利因子的消除大有益处。

长期饮用不但能修身养性，还能防病抗衰老，增强体质，是一种不可多得、适合长期饮用的绿色饮品。沉香还有抗心律失常和抗心肌缺血的药理作用。实验表明，沉香茶能明显改善心脑血管方面衰老状态 (动脉硬化、冠心病、心律失常、高血压、高血脂、脑中风等)，并能有效清除体内垃圾、防止疾病发生。

品称：一品茯砖茶
类别：黑茶
规格：800g*1 块
净含量：800g
原料产地：湖南安化
茶叶配料：黑毛茶
统一市场零售价：280.00 元

品称：美人茶（尊品）
类别：黑茶
规格：3g*6 袋 *10 盒
净含量：180g
原料产地：湖南安化
茶叶配料：芽尖
统一市场零售价：580.00 元

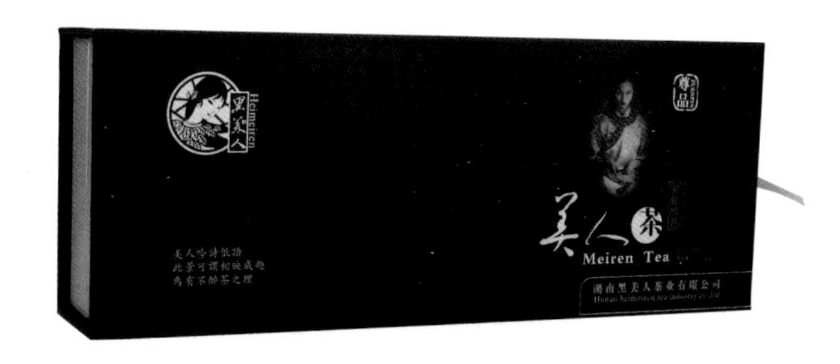

冲泡方法：
1. 分　量：置放相对于茶壶 2/5 的茶量；
2. 水　温：100℃；
3. 浸泡时间：约 10 秒至 30 秒；
4. 冲泡次数：约 10 次。

购买指南
实体店购买：品牌专卖店或茶百科实体店。
网络购买：shop.chabaike.cn 或品牌官方网站。
电话购买：茶百科服务热线 400-606-6060

宝茗

福建安溪金丽茶厂

企业文化：宝茗茶业是一家集茶园基地、生产加工、内销外销为一体的大型茶叶企业。宝茗源于两百多年前的碳焙技术传承至今，并由第20代掌门人苏金国先生将其规模化。发展至今，宝茗也获得了诸多殊荣：2010年被评为中国著名品牌；2010年获中国消费者放心、可信产品；2010年全国产品质量公正十佳品牌。宝茗炭焙铁观音取得了2009年春季安溪铁观音茶王赛金奖等多项荣誉。

产地简介：宝茗茶叶生产基地——安溪金丽茶厂，地处安溪高海拔无污染的茶叶基地，由于常年云雾缭绕、雨量充沛、土层深厚、光照充足、气候适宜、有机质丰富，茶树生长呈优良优化形态。目前公司茶叶基地采用国家有机茶种植管理标准作业，在全国参与管理的茶园基地5000多亩，天然有机生态茶园1000多亩。

产品年度简介：传承百年的传统工艺，造就了宝茗铁观音的纯正“观音韵”。茶的自然之香，加之富贵大气的包装，作为礼品最能传达情意。

品称：宝茗富贵红套组
类别：乌龙茶
规格：75g*3 罐 *2 盒
净含量：500g
原料产地：福建安溪
茶叶配料：铁观音
统一市场零售价：298.00 元

品称：宝茗六盒畅饮组
类别：乌龙茶
规格：7.5g*18 袋 *6 盒
净含量：810g
原料产地：福建安溪
茶叶配料：铁观音
统一市场零售价：398.00 元

冲泡方法：

1. 百鹤沐浴（洗杯）：用开水洗净茶具，以提高茶具温度；
2. 观音入宫（落茶）：打开一小包，把茶放入茶具；
3. 悬壶高冲（冲茶）：把滚开的水提高冲入盖碗，使茶叶转动、露香展颜；
4. 春风拂面（刮沫）：用碗盖轻轻刮去漂浮的白泡沫，使其清新洁净；
5. 关公巡城（倒茶）：把茶泡 10-30 秒后的茶水依次巡回注入并列的茶杯里；
6. 韩信点兵（点茶）：茶水倒到少许时要一点一点均匀地滴到各茶杯里；
7. 赏色闻香（闻香）：观赏茶汤色泽，拿起碗盖轻闻茶香；
8. 品啜甘霖（品茶）：趁热细啜，先嗅其香，后尝其味，边啜边嗅，浅斟细饮。

购买指南

实体店购买：品牌专卖店或茶百科实体店。
网络购买：shop.chabaike.cn 或品牌官方网站。
电话购买：茶百科服务热线 400-606-6060

台湾奇楠

台湾远东奇楠沉香农业科技有限公司

企业文化：台湾远东奇楠沉香农业科技有限公司，在台湾、海南、广东、广西、云南等地拥有数万亩的沉香种植基地。结合日本与台湾在远东地区最精湛的生物科学人工结香技术，进行国际级超优质99.99沉香纯油提取，沉香佛香、相关沉香工艺品的生产与供应。台湾远东奇楠沉香茶的制造乃薪传台湾高山乌龙茶的工艺名师，秉持古法精制烘焙而成，独树一帜，充分展现了沉香的神奇风韵，深受广大爱茶人士推崇，为最值得珍藏的茗宝。台湾奇楠沉香，力求打造国内沉香产业链龙头，树立沉香系列产品专业第一品牌。

产地简介：本品产于广东，拥有数万亩沉香种植基地，结合日本与台湾在远东地区最精湛的生物科学人工制香技术，秉持古法精制烘焙而成，独树一帜，充分展现了沉香的神奇风韵。

产品年度简介：

沉香（白木香）Aquilaria sinensis 属瑞香科植物，在广东的粤西沿海最适合沉香生长。白木香以其含树脂的木材入药，药材名为沉香，为国产中药沉香的正品来源，也是我国生产中药沉香的唯一植物资源。

其功用与进口中药沉香（同属植物沉香 Aq—uilariaagallocha Roxb）的含树脂的木材相同。中药沉香乃是中国、日本、印度及其他东南亚国家的传统名贵药材和名贵的天然香料。

沉香茶含有人体必需的生命元素量极丰富，如钙、锌、铁、锰等和维生素，是人体很好的特殊营养物的补充剂，也是保持人体正常生命活动的重要基础，并对体内多种不利因子的消除大有益处。

长期饮用不但能修身养性，还能防病抗衰老，增强体质，是一种不可多得、适合长期饮用的绿色饮品。沉香还有抗心律失常和抗心肌缺血的药理作用。实验表明，沉香茶能明显改善心脑血管方面衰老状态（动脉硬化、冠心病、心律失常、高血压、高血脂、脑中风等），并能有效清除体内垃圾、防止疾病发生。

品称：龙头罐奇楠沉香茶
类别：沉香茶
规格：5g*42 包
净含量：210g
原料产地：广东惠州
茶叶配料：奇楠沉香叶
统一市场零售价：860.00 元

品称：木盒装奇楠沉香茶（小）
类别：沉香茶
规格：5g*10 包 *3 盒
净含量：150g
原料产地：广东惠州
茶叶配料：奇楠沉香叶
统一市场零售价：980.00 元

冲泡方法：
取 3-5 粒放入玻璃杯中，沸水冲入，可多次冲泡。

购买指南
实体店购买：品牌专卖店或茶百科实体店。
网络购买：shop.chabaike.cn 或品牌官方网站。
电话购买：茶百科服务热线 400-606-6060

Najie tea 纳姐普洱

纳姐茗茶

云南纳姐茶业有限公司

企业文化：纳姐普洱是北京纳勐象文化发展有限公司的品牌，公司是云南纳姐茶叶有限公司北京分公司，经营自己所创建的“纳姐普洱”品牌全系列产品，包含有纳姐普洱及纳姐红茶之礼茶类、单品类共五十多款产品。品牌理念：回归自我，与自然和谐共生！品牌传承：源系慈恩、山林雨露、亘古而传。

产地简介：“纳姐普洱”，源自云南澜沧江流域传统古茶树产区，系采摘勐勐纳姐茶山大叶古茶树（1485年引种）之明前晒青毛茶为原料精制而成。传明成化年间，有流落古勐连司抚之中原女子方涔纳，因善茗，知礼乐，通诗画，后嫁勐勐土司子。因其引种改良当地茶树而名闻南地，后人恩铭其行，遂名“纳姐茶”。

产品年度简介：“纳姐茗茶”茶气清新浸润，汤色清澈透亮，口味清洌回甘，若存放年月逾久，则转为滋味滑爽，醇厚清和，滋味愈加醇厚香甜。以茶存之，则具藏品之妙；以茶茗之，则滋益身心，是为茶中极品。独具地方文化特色的外包装设计及高品质的古树茶，引领普洱茶标准化，成就了其品牌定位——中高端礼茶市场。

品称：香柚茶
类别：黑茶
规格：250g*1 块
净含量：250g
原料产地：云南凤庆
茶叶配料：云南大叶种普洱熟茶
统一市场零售价：450.00 元

品称：贝叶经礼盒
类别：黑茶
规格：250g*2 块
净含量：500g
原料产地：云南凤庆
茶叶配料：云南大叶种晒青毛茶（生 + 熟）
统一市场零售价：1100.00 元

冲泡方法：
宜高温冲泡，冲泡水温以 95-100℃为佳。
每杯放茶 5-10 克；
如用茶壶冲泡，投入量为茶壶 1/3，甚至更多，冲泡 3 分钟即可饮用。

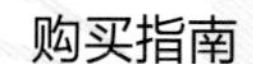

购买指南
实体店购买：品牌专卖店或茶百科实体店。
网络购买：shop.chabaike.cn 或品牌官方网站。
电话购买：茶百科服务热线 400-606-6060

聖源 六堡茶 LIUPAO TEA

圣源六堡

广西梧州圣源茶业有限公司

企业文化：圣源六堡茶根据梧州商检局 DB45/T 581-2009 六堡茶标准，再结合广西地方标准而生产。在送检的 28 个农残项目中未检出农残物，铅的含量也很低。获得 2011 年南宁国际茶业文化博览会最受消费者喜爱的茶叶品牌；CCTV 央视网食品频道 2011 年度“中国放心食品”品牌推荐企业；2011“金芽奖”中国黑茶优秀品牌；2010 年公司作为广西“非物质文化遗产——六堡茶制作技艺”唯一代表参加中国首届非物质文化遗产博览会；“圣源红”获上海国际茶业博览会银奖。

产地简介：坐落于素有绿城古都，百年商埠之称的梧州市美丽的鸳鸯江畔，目前在六堡茶发源地拥有 2000 多亩原生态六堡原种茶茶园，保证了茶原料的原产地化地域性和稳定性。厂区占地 30 多亩，共 6000 多平方米的厂房，年产量超千吨。

产品年度简介：科学试验和六堡茶爱好者品茗实践证明，六堡茶除含有人体必需的多种氨基酸、维生素和微量元素外，所含脂肪分解酵素高于其它茶类，故六堡茶具有更强的分解油腻、降低人体内脂肪化合物、胆固醇、三酸甘油酯的功效。长期饮用可以健胃养神，减肥健身，提神醒酒，消除疲劳，并且隔宿不变，越陈越香。

品称：生态篮六堡茶 80101
类别：黑茶
规格：250g*1 袋
净含量：250g
原料产地：广西梧州
茶叶配料：六堡茶叶
统一市场零售价：195.00 元

品称：生态篮六堡茶 80102
类别：黑茶
规格：250g*1 袋
净含量：250g
原料产地：广西梧州
茶叶配料：六堡茶叶
统一市场零售价：170.00 元

冲泡方法：

冲泡六堡茶一定要用 100℃沸水，取六堡茶 5-8 克置入壶或盖碗中，用沸水冲泡两次倒掉，称之为醒茶。再冲入沸水泡 7-10 秒后，把茶汤倒入杯中，即可品尝。

购买指南

实体店购买：品牌专卖店或茶百科实体店。
网络购买：shop.chabaike.cn 或品牌官方网站。
电话购买：茶百科服务热线 400-606-6060

何馨茗

武夷山市庐峰岩茶厂

企业文化：武夷山市庐峰岩茶厂是一家集武夷岩茶的生产、制作、营销为一体的专业做茶企业，秉承“为健康，做好茶”的宗旨，以严谨制茶，诚信经营而深受广大客户的欢迎。何馨茗茶业顺应市场需要，致力于传播中国武夷茶文化，让您买得放心，喝得开心。经营理念：以茶会友，广结茶缘，开心交流，真诚合作，互利互惠，共创双赢。

产地简介：武夷山市庐峰岩茶厂位于著名的世界自然与文化双遗产地——中国武夷山，茶厂和茶山地处迷人的玉女峰下之九曲溪畔附近，四周青山环抱，是一家集武夷岩茶的生产、制作、营销为一体的专业做茶企业。茶厂拥有四片海拔高、无污染、纯天然的武夷岩茶茶园一百多亩，建有自己的茶源基地，拥有自己的茶叶科研场所，所产的武夷岩茶畅销全国各地，因其产品质量可靠，品质稳定而受到了众多茶叶界朋友的青睐。

产品年度简介：武夷山市庐峰岩茶厂生产的“何馨茗”牌武夷岩茶，主要产品有正宗的大红袍、武夷水仙、肉桂、黄观音、奇兰、梅占、北斗、八仙、金锁匙、奇丹、银凤、春兰、丹桂等各种名枞和高枞水仙等；同时还生产桐木关红茶金骏眉、银骏眉、正山小种等。

品称：红盒肉桂
类别：乌龙茶
规格：8g*30 包 *1 盒
净含量：240g
原料产地：福建武夷山
茶叶配料：武夷岩茶
统一市场零售价：500.00 元

品称：精品大红袍
类别：乌龙茶
规格：8g*6 包 *5 盒
净含量：240g
原料产地：福建武夷山
茶叶配料：武夷岩茶
统一市场零售价：900.00 元

冲泡方法：

功夫大红袍冲泡方法

1. 洗杯：用开水冲洗茶具，进行洗杯、温杯。
2. 落茶：把茶叶放入茶具，茶量约 7–8 克，占茶具容量的 1/5。
3. 洗茶：把开水倒入茶杯，在茶叶完全展开之前把水倒掉，洗净茶叶表面涤尘。
4. 冲茶：把滚开的水提高冲入茶杯，使茶叶转动。
5. 倒茶：泡 1–2 分钟后，把茶水依次巡回注入并列的茶杯里。
6. 喝茶：趁热细啜，先嗅其香，后尝其味，边啜边嗅，浅斟细饮。

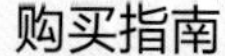

购买指南

实体店购买：品牌专卖店或茶百科实体店。
网络购买：shop.chabaike.cn 或品牌官方网站。
电话购买：茶百科服务热线 400-606-6060

浪伏

广西凌云浪伏茶业有限公司

企业文化：广西凌云浪伏茶业有限公司成立于2004年，通过长期的不懈努力和实践，公司不断发展壮大，现拥有7个生产基地，是一家集科研、示范、推广、生态旅游、独家养生、生产和经营为一体，产、研、销结合的新兴企业。公司产品2003年通过欧盟ECOCERT和美国US-NOP有机产品认证，并通过ISO9001:2008质量管理体系及ISO 22000:2005食品安全管理体系认证。公司旗下的"凌云茶山金字塔"景区被国家旅游局评为国家4A级旅游景区。公司不断扩大和延伸产业链，在区内外有多家公司直营店及体验茶馆，产品远销欧美市场。2011年，公司又被评为"广西壮族自治区和谐企业"、"广西壮族自治区扶贫龙头企业"、"百色市扶贫龙头企业"，同年12月公司被农业部授予"农业产业化国家重点龙头企业"。

产地简介：浪伏茶业共拥有3万亩生态茶园，凌云、平果、西林、百色、南宁，广西百色市凌云县茶山金字塔被国家旅游局认证为4A级旅游景区，地处云贵高原东南麓，始建于1993年，最高海拔1164米，是广西首批通过国家旅游局验收的"全国农业旅游示范点"之一。景区由大小五十多个茶峰组成，犹如一座绿色"金字塔"，层峦叠翠、峰峦起伏，景区溪流纵横、气势恢宏。2010年2月广西凌云浪伏茶业公司通过竞拍获得景区经营权，对景区实施了保护性规划和开发，把景区逐步打造成为旅游观光、休闲度假目的地。

产品年度简介：有机红茶、绿茶，健康无污染，品性温和，味道醇厚，含有多种水溶性维生素及钾，可以帮助胃肠消化，促进食欲，补血，养颜、利尿、消除水肿绿茶。包装大气精美，送礼佳品。

品称：翠韵礼盒装
类别：绿茶
规格：96g*2 罐
净含量：192g
原料产地：广西百色市
茶叶配料：有机茶鲜叶
统一市场零售价：388.00 元

品称：红韵烟条装
类别：红茶
规格：40g*4 盒
净含量：160g
原料产地：广西百色市
茶叶配料：有机茶鲜叶
统一市场零售价：118.00 元

冲泡方法：

绿茶宜用透明优质玻璃高口杯，视个人口感置入 2-4 克茶，为利于茶香外溢和茶叶尽速吸收水分，应采用悬壶高冲法顺杯沿注入冷却至 85℃的沸水使杯内激起茶漩，静置 3-5 分钟即可饮用，可连续冲泡 4-5 次。

红茶可用透明优质玻璃高口杯置入 3-5 克茶，为利于茶香外溢和茶叶尽速吸收水分，应采用悬壶高冲法顺杯沿注入 85℃的初沸水使杯内激起茶漩，静置 1-2 分钟即可饮用，视个人品饮喜好可调入蜂蜜、牛奶、柠檬等共饮。也适用于工夫泡法。

购买指南

实体店购买：品牌专卖店或茶百科实体店。
网络购买：shop.chabaike.cn 或品牌官方网站。
电话购买：茶百科服务热线 400-606-6060

天方

安徽天方茶业（集团）有限公司

企业文化：安徽天方茶业（集团）有限公司位于皖南茶乡石台县，自 1997 年成立以来，公司始终秉承“坚持天然品质，用心做好茶”的经营宗旨，历经十余年不懈努力，成为农业产业化国家重点龙头企业和中国茶行业百强企业。公司拥有的 23.2 万余亩茶园基地，被认定为国家农业标准化示范区、全国农业旅游示范点，从源头上确保了天方茶的品质。作为全国茶叶标准化技术委员会委员单位的安徽天方集团，其茶产品完全按照清洁化标准生产，全程冷链运输，并且通过了 ISO、GMP、QS 等认证，确保了每一枚天方茶叶的安全健康。企业自行研发的多种产品荣获了科学技术成果鉴定、十多项国家级发明专利、五星级国际茶王等多项国际、国家级大奖，“天方”和“雾里青”商标被评定为中国驰名商标，展现了集团的荣誉和实力。目前，集团公司年生产加工能力为 50 万箱包装产品，拥有 12 家分、子公司和 10 个加工场以及天方茶苑加盟和直营店 200 余家，三年内计划发展到 1000 家。天方将始终以“弘扬中国茶文化，振兴地方茶产业”为己任，凭天时、地利、人和，从现在到将来……

产地简介：天方富硒绿茶，源自中国画里的富硒村——安徽石台大山村。大山村位于石台县仙寓镇西南 20 公里，与祁门县交界，平均海拔 600 多米。“绿色石台、皖南茶乡”典型的九山半水半分田的山区村，国内三大富硒区之一。明清时期的徽派古村落、千亩的富硒茶园，境内群峰逶迤，峡谷幽深，流泉飞瀑，有翠绿的生态茶园，梯田层层，山青水秀，空气清新，生态环境极佳，土壤中富含一种抗衰老的微量元素—硒。大山村五十年来没有一例癌症和肥胖症患者，80 岁以上的老人占 12%，被称为“长寿村”、“瘦子村”。 天方富硒村不仅含硒量高而闻名全国，自然风景也是十分优美，崇山峻岭的山脉绵延起伏，树苍翠，山谷沟涧纵横流泉飞瀑，山腰上茶园翠绿，梯田层层，还有那明清时期的古村落、古徽道至今保存完好，村内仍保留着相当多的古老传统习俗。这里没有受到任何现代工业的冲击，山清水秀，空气清新，生态环境极佳，美丽的景 观与神奇的富硒村构建成了一个充满神韵和魅力的人间天堂。优美的生态环境，每一棵茶树让人感觉到大自然一尘不染的纯净和清新。大山村美丽的景观与神奇的富硒构建了一个神韵和魅力的人间天堂。经中国科大绿色科技中心等权威机构检测发现，大山村土壤中硒的含量比较高，该地区属国内第三大富硒区。安徽省微量元素科学研究会的专家还撰文指出，石台土壤中硒的含量要比普通 土壤高 5-10 倍。

产品年度简介：天方富硒绿茶平均硒含量高达 0.2-2mg/Kg，而一般绿茶硒含量则低于 0.2mg/kg。具有很好的抗癌营养保健作用。中国 15 个产茶省（区）的主要茶类 247 只茶样进行分析的结果表明，含硒量在 0.1mg/kg，以下的占 52%，0.1—0.2mg/kg 的占 27%，即 近 80% 的茶样含硒低于 0.2mg/kg。含硒量在 0.2mg/kg 以上的茶样绝大部分出产于高硒地区。茶叶中的有机硒占 92%，无机硒占 8%，有机硒的 主体部分是蛋白质硒。国家多家权威机构对安徽省石台县珂田乡大山村茶叶和茶园土壤分析结果表明：该地硒含量超出普通茶叶的 5—10 倍，为 0.2— 2mg/kg。

品称：一级富硒茶
类别：绿茶
规格：70g/ 听
净含量：70g
原料产地：安徽石台
茶叶配料：槠叶种茶树鲜叶
统一市场零售价：34.50 元

品称：特三富硒茶
类别：绿茶
规格：70g/ 听
净含量：70g
原料产地：安徽石台
茶叶配料：槠叶种茶树鲜叶
统一市场零售价：51.50 元

品称：100g 一级富硒茶
类别：富硒绿茶
规格：100g/ 听
净含量：100g
原料产地：安徽石台
茶叶配料：槠叶种茶树鲜叶
统一市场零售价：37.50 元

品称：100g 特级富硒茶
类别：富硒绿茶
规格：100g/ 听
净含量：100g
原料产地：安徽石台
茶叶配料：槠叶种茶树鲜叶
统一市场零售价：75.00 元

品称：200g 一级 II 富硒茶
类别：富硒绿茶
规格：200g/ 听
净含量：200g
原料产地：安徽石台
茶叶配料：槠叶种茶树鲜叶
统一市场零售价：78.00 元

冲泡方法：

取本品按照每人 3-4 克的分量放入茶具，倒入沸水，让茶叶浸泡 3 分钟后饮用。

购买指南

实体店购买：品牌专卖店或茶百科实体店。

网络购买：shop.chabaike.cn 或品牌官方网站。

电话购买：茶百科服务热线 400-606-6060

御品峰

企业文化：信阳驼峰茶业有限公司成立于 2009 年，是信阳市农业产业化重点龙头企业，信阳市农产品企业示范基地。公司是一家集信阳毛尖茶和信阳红红茶的种植、研发、加工、销售、茶文化交流为一体的综合型现代化企业。目前拥有总资产近 1 亿余元，茶叶主营业务年销售收入 1000 余万元，利润 200 余万元。拥有“御品峰”、“驼茗峰”、“雨前峰”三大知名品牌。销售网络遍及全国各地，在北京、郑州等大中城市建立了直营专卖店。现有在职员工 200 多人，其中茶叶专业技术人员 40 多人，大专以上学历 92%。公司自成立以来秉承“顾客至上，锐意进取”的经营理念，不断创新体制，加强内部管理，努力开拓市场，在企业经营中确立了以市场为导向，以效益为中心，以科技为动力，以优质农业开发为重点，以农民增效为目标的农业结构调整思路，坚持走“公司 + 基地 + 农户”的产业化经营模式，充分发挥了龙头企业的示范带动作用。

产地简介：公司计划在“十二五”期间，继续推进优质茶园建设，现拥有生态茶园基地 2 万余亩，新建茶园 15000 亩，改建茶园 5000 亩，从源头控制茶叶品质，为广大消费者提供绿色、健康、优质的茶叶饮品，并进一步拉长茶产业链条，加大茶叶深加工产品的开发力度，充分利用资源，提高产品附加值。

产品年度简介：产自信阳毛尖的黄金产区——车云山脉，原产地稀有高山茶园，精心选自含芽率约 100% 的明前珍稀嫩芽，条索紧秀圆直，白毫满披，叶底均匀，色泽翠绿，汤色嫩绿明亮，清香幽雅。

品称：汉典幽香红
类别：红茶
规格：150g*1 盒
净含量：150g
原料产地：河南信阳
茶叶配料：信阳红茶
统一市场零售价：480.00 元

品称：叶之韵碧叶信阳毛尖
类别：绿茶
规格：100g*2 盒
净含量：200g
原料产地：河南信阳
茶叶配料：信阳毛尖
统一市场零售价：400.00 元

品称：云天翠芽
类别：绿茶
规格：48g*4 盒
净含量：192g
原料产地：河南信阳
茶叶配料：信阳毛尖
统一市场零售价：1090.00 元

冲泡方法：
取茶叶约 5 克，冲以 95℃左右开水，浸泡片刻即可饮用。

购买指南
实体店购买：品牌专卖店或茶百科实体店。
网络购买：shop.chabaike.cn 或品牌官方网站。
电话购买：茶百科服务热线 400-606-6060

绿雪芽

白茶始祖 传世经典

Lv Xue Ya

绿雪芽

福建省天湖茶业有限公司

企业文化：福建省天湖茶业有限公司是一家国家级农业龙头企业、中国茶行业百强企业、白茶国家标准起草单位。公司旗下现有“绿雪芽”、“太姥山”两大著名品牌，并布局建设有花园式国际标准化厂房、3000 亩高起点有机茶基地、众多的“绿雪芽”直营店和销售终端，并在福鼎市建立多个农业专业合作社。企业并于 2010 年经国家工商总局认证为“中国驰名商标”，同时，取得了“良好农业规范”和“有机产品”的资质认证。

产地简介：“绿雪芽”有机茶示范基地位于国家重点风景名胜区太姥山区域，核心茶园总面积 1500 亩，海拔大多数在 600 米以上，三面环山，一面开口的马蹄形地形造就了茶区海洋性山地气候，具有日照长、热量丰富、雨量充沛的自然气候资源。茶园土壤多为黄红壤，pH 值 4.4—5.4 之间，土壤肥力较高，有机质含量 5.06%。选种的茶树品种，受山川精灵秀气的滋润，叶张肥厚、柔软，内含物丰富，所加工的绿雪芽茶叶，品质优异，名扬四海，是理想的有机茶生产基地。

产品年度简介：白牡丹干茶色泽深灰或暗青苔色，叶张肥嫩，冲泡之后绿叶托着嫩芽于杯中旋转飞舞，香似春天百花盛开之山谷，饮之汤味鲜醇，回味悠长。

品称：白牡丹
类别：白茶
规格：230g*1 筒
净含量：230g
原料产地：福建宁德
茶叶配料：白茶
统一市场零售价：200.00 元

品称：寿眉
类别：白茶
规格：260g*1 筒
净含量：260g
原料产地：福建宁德
茶叶配料：白茶
统一市场零售价：360.00 元

品称：罐装白牡丹
类别：白茶
规格：75g*1 筒
净含量：75g
原料产地：福建宁德
茶叶配料：白茶
统一市场零售价：140.00 元

品称：罐装白毫银针
类别：白茶
规格：75g*1 筒
净含量：75g
原料产地：福建宁德
茶叶配料：白茶
统一市场零售价：220.00 元

品称：罐装寿眉
类别：白茶
规格：75g*1 筒
净含量：75g
原料产地：福建宁德
茶叶配料：白茶
统一市场零售价：68.00 元

冲泡方法：
冲饮白牡丹茶宜选用 200 毫升盖碗，置 4 克茶叶于盖碗中，先加水至没过茶叶，闻其花香，再加 85-90℃开水至满杯后加盖，静待 30 秒即可品饮初汤，其后每泡顺延 15 秒即可，可冲泡 5-6 次。

购买指南
实体店购买：品牌专卖店或茶百科实体店。
网络购买：shop.chabaike.cn 或品牌官方网站。
电话购买：茶百科服务热线 400-606-6060

闽茶府

企业文化：闽茶府于1983年植根于茶韵深厚的茶都——安溪，发展初期潜心研制原产于安溪的铁观音。及后，闽茶府凭借着专业的制茶技术，超群的品鉴能力和对市场供需的敏锐把握，闽茶府积聚30年之底蕴，师古法，创今艺，将福建工夫茶之道发扬拓展，推及全国各地。如今，以“纯正闽茶，神形兼养”为理念的闽茶府是一家集茶树培育、精选加工、连锁营销为一体的综合型企业。其经营产品除了传袭三十载的特有精品铁观音外，更包括各地特色名品，每一款产品都蕴含了闽茶府至精的工艺和至诚的信念。闽茶府深信，茶更是一种文化和人生的价值凝练，沉淀着一种冲淡宁和的超脱之情，闽茶之道，即茶之道。

产地简介：安溪闽茶府茶叶有限公司是一家专业从事乌龙茶生产、销售的企业。公司在福建铁观音核心产地安溪县境内拥有上百亩优质茶山，茶园群山环抱，峰峦叠翠，甘泉潺流，气候温和，水量充沛，有着茶树良好的生长环境。加之成熟的制茶工艺，所生产茶叶品质优异，性价比极高，深受消费者喜爱。公司的产品先后通过了“有机茶”和ISO9001质量管理体系的认证。

产品年度简介：明代编修的《清水岩志》中如此称赞铁观音：“饱山岚之气，沐日月之精，得烟霞之霭，食之能疗百病。”寥寥数语凝炼铁观音之神韵，读之令人悠然神往。铁观音是享誉世界的中国十大名茶之一，为乌龙茶属中的极品。其独有的“观音韵”深受各界茶客喜爱，绵延悠长仿如飘扬了千百年。由闽茶府精择细选的铁观音源自福建安溪生态茶园，采摘尽得自然精华的茶叶，再经由现代大师加以回青制作。其外形条索紧结，叶身沉重，色泽绿润；其香气如空谷幽兰，浓馥悠久；其滋味醇和甘滑，音韵明彻悠长；其汤色金黄碧亮，浓艳清澈。

品称：精选铁观音
类别：乌龙茶
规格：8.3 克 *12 包 *3 盒
净含量：300g
原料产地：福建安溪
茶叶配料：纯天然茶青
统一市场零售价：990.00 元

品称：臻选铁观音
类别：乌龙茶
规格：8.3 克 *15 包 *4 盒
净含量：500g
原料产地：福建安溪
茶叶配料：纯天然茶青
统一市场零售价：1980.00 元

冲泡方法：

铁观音的品饮仍沿袭传统的“功夫茶”品 饮方式。用陶制小壶、白瓷、宜兴紫砂壶为最佳。为八道：

1. 百鹤沐浴（洗杯）：用开水洗净茶具；
2. 观音入宫（落茶）：把铁观 音放入茶具，放茶量约占茶具容量的 1/5；
3. 悬壶高冲（冲茶）：把滚开的水提高冲入茶壶或盖瓯，使茶叶转动；
4. 春风拂面（乱沫）：用壶盖或瓯盖轻轻刮去漂浮的白泡沫，使其清新洁净；
5. 关公巡城（倒茶）：把泡 10-30 秒后的茶水依次巡回注入并列的茶杯里；
6. 韩信点兵（点茶）：茶水倒到少许时要一点一点均匀地滴到各茶杯里；
7. 鉴赏汤色（看茶）：观尝杯中茶水的颜色；
8. 品啜甘霖（喝茶）：趁热细啜，先嗅其香，后尝其味，边啜边嗅，浅斟细饮，心旷神怡，别有情趣。

购买指南

实体店购买：品牌专卖店或茶百科实体店。
网络购买：shop.chabaike.cn 或品牌官方网站。
电话购买：茶百科服务热线 400-606-6060

惠和春

福建省好思惠农业发展有限公司

企业文化：福建省好思惠农业发展有限公司成立于 2009 年 2 月，注册资金 1006 万元。是专业从事茶叶批发零售、量身定制单位礼品茶、福利茶的茶叶企业。公司有注册农业专业合作社一个，标准化茶叶加工厂一个（占地面积 3300 多平方米）。公司基地位于国家级地质公园——白云山旅游景区中，自有生态茶园面积 300 亩，协议茶园面积 5 千多亩，年产各类茶叶 400 多吨。

产地简介：公司茶厂于2010年6月通过QS认证，同时获得福安市政府正式授权使用“坦洋工夫”和地理标准认证。公司与福建农林大学园艺学院茶学系、山东农业大学园艺学院茶学系、福建省农科院茶科所等单位都有紧密的合作关系。公司引进最新的农业科研成果，5000 多亩茶园都是生态高山茶园，用有机肥、生物、物理等措施极大程度地替代了农药和化肥的使用，经检测，我们生产的红茶，农残基本检测不出。

产品年度简介：青年红”是2011年全国两会的专供茶。金骏眉是2012年十八大台湾团专供茶。在传统的工艺上创新的制茶工艺也得到了茶学届陈宗懋院士和很多其他茶学专家的肯定。

品称：金闽红
类别：闽红
规格：50g*5 罐
净含量：250g
原料产地：福建省宁德福安市
茶叶配料：高山茶鲜叶
统一市场零售价：1600.00 元

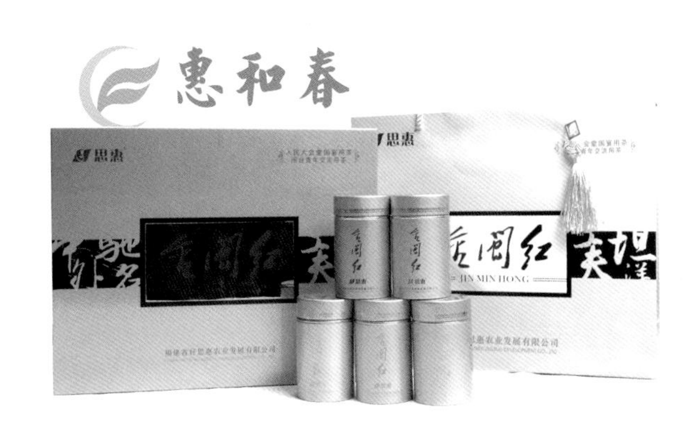

品称：青年红
类别：闽红
规格：50g*4 罐
净含量：200g
原料产地：福建省宁德福安市
茶叶配料：高山茶鲜叶
统一市场零售价：1200.00 元

冲泡方法：
90℃以上水温，玻璃壶冲泡更佳。

购买指南
实体店购买：品牌专卖店或茶百科实体店。
网络购买：shop.chabaike.cn 或品牌官方网站。
电话购买：茶百科服务热线 400-606-6060

六妙　福建省天丰源茶产业有限公司

企业文化：福建省天丰源茶产业有限公司，坚持独立研发、品牌原创、自主创新的思想，以自有生态茶园和茶产品专业生产基地为实体。以传承、拓展、提升中华茶文化和茶产品为企业使命。拥有覆盖全国的营销网络和专业有素的营销团队。成功打造了“茶枕工坊系列茶香枕” 在国内市场上的旗帜地位，受到消费者和有关专家的一致拥戴，为传统枕具市场注入新的生机。

产地简介：福鼎市地处太姥山脉北段，依山傍海，多丘陵，土质肥沃，温度适中，雨量充沛，以盛产茶叶而闻名，是国家级茶树良种福鼎大毫茶、福鼎大白茶的故里。目前，企业所在全镇拥有茶园面积 35827 亩，已被认证的无公害茶园 20000 亩，产值产量双居福鼎市榜首。其中特种工艺茶发展迅速，已有 89 个花色品种，位居闽东之首。

品称：大红袍（QS-A1128)
类别：乌龙茶
规格：5g*10 袋 *4 盒
净含量：200g
原料产地：福建省武夷山
茶叶配料：武夷岩茶
统一市场零售价：2370.00 元

品称：金闽红 (QS-A5515)
类别：红茶
规格：5g*10 袋 *4 盒
净含量：200g
原料产地：福建省福鼎市
茶叶配料：工夫红茶
统一市场零售价：1970.00 元

品称：陈年老白茶 (DC-0017)
类别：白茶
规格：5g*26 袋
净含量：130g
原料产地：福建省福鼎市
茶叶配料：白茶
统一市场零售价：328.00 元

品称：老白茶（DC-0018)
类别：白茶
规格：5g*26 袋
净含量：130g
原料产地：福建省福鼎市
茶叶配料：白茶
统一市场零售价：152.00 元

品称：白露茶专供 (DC-0019)
类别：白茶
规格：5g*18 袋
净含量：90g
原料产地：福建省福鼎市
茶叶配料：白茶
统一市场零售价：112.00 元

冲泡方法：

1. 根据瓷壶的容量投入适量茶叶，注入开水（冲泡后的茶汤要求汤色红艳为宜，水温以 70-80℃为宜，头几次冲泡使用刚烧开的沸水可能出现酸味），冲泡时间一般为头 2 泡出水时间为 5 秒钟，3 泡后出水时间可视泡数增加以及口味而适当延长。不宜浸泡过久，合适的浸泡时间不仅茶汤滋味宜人，还可增加耐泡次数。
2. 往高壁玻璃杯中投入方状冰块，投放冰块时要将冰块不规则的投入，投放的冰块量要求与高壁玻璃杯口齐平。
3. 根据客人的口感投入适量的糖浆，不加入糖浆也可。
4. 待茶冲泡 5 分钟后，将过滤网置于茶杯上方，而后快速地将茶水注入茶杯中（此时注入茶水一定要急冲入杯中，否则在茶杯上方会出现白色泡沫会影响冰红茶的美观）。
5. 根据环境允许可在杯口切上两片柠檬相镶在杯口，一定很遐意。

采花

湖北采花茶业有限公司

企业文化：

湖北采花茶业有限公司集科研、生产、加工、销售及茶树种苗繁育为一体，是农业产业化国家重点龙头企业、中国茶业行业百强企业。公司现拥有加盟企业 40 多家，无公害茶叶基地 12.1 万亩，固定资产 1.06 亿元，设有 18 个自动清洁化生产车间，年生产能力达 4230 吨，产值近 2.56 亿。公司正投资 5 亿元兴建的采花茶业科技园，被列入湖北省政府帮扶五峰县发展的“616 工程”。

公司一直秉承“以创新谋发展、以品质赢市场、以服务赢顾客”的经营理念，制订并实施严格的质量技术标准和操作规程，通过了 ISO9001、ISO2000 质量认证，ISO14001 国际环境体系认证，取得了有机茶生产许可证、绿色食品标志使用证、无公害产品使用证、保健食品 GMP 证书，产品品质达到国内领先水平。公司核心品牌“采花毛尖”先后获得“中国名牌农产品”、“湖北名茶第一品牌”、“进京迎奥运产品”、“钓鱼台国宾馆指定产品”等称号，连续五届蝉联“中国农博会金奖”。一线品牌“天麻剑毫”是全国绿茶行业中唯一获卫生部批准的保健食品。2009 年 4 月，公司采花商标荣膺中国驰名商标殊荣。

产地简介：《茶经》记载：峡州云南出好茶。即指今五峰土家族自治县。五峰盛产茶叶，享有中国茶叶之乡美誉。县境内群山叠翠，云雾缭绕，空气清新，雨量丰沛。采花乡地处撒花溪畔，云雾山中，所产茗品尤为出色，以其外形细秀翠绿，内质香高持久，汤色嫩绿清澈，滋味鲜醇回甘，荣膺茶中冠品。

产品年度简介：选用明前武陵山高山茶区特有名贵树种的细嫩茶芽，采用最传统的手工秘制茶工艺精制而成。茶芽细秀匀直，翠绿润泽。传奇在时光累积与沉淀中将传统与奢华完美融合，乃茶中极品。

品称：采花毛尖（绿茶）（典藏浓香）
类别：绿茶
规格：150g/ 盒
净含量：150g
原料产地：湖北五峰
茶叶配料：优质鲜嫩茶芽
统一市场零售价：650.00 元

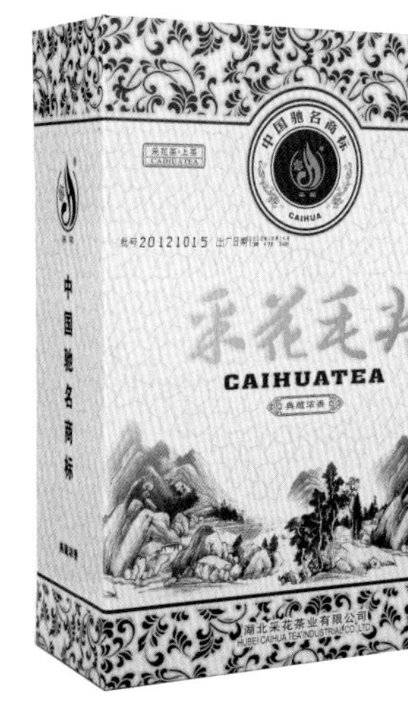

品称：采花毛尖（绿茶）（典藏清香）
类别：绿茶
规格：34g*6 盒
净含量：204g
原料产地：湖北五峰
茶叶配料：优质鲜嫩茶芽
统一市场零售价：480.00 元

冲泡方法：

取适量茶叶放入杯中，注入 80℃以上沸水约 1/3 杯，1 分钟后添加沸水饮用，依此法反复调饮（水以泉水为佳，用瓷杯、玻璃杯为宜）。

购买指南

实体店购买：品牌专卖店或茶百科实体店。
网络购买：shop.chabaike.cn 或品牌官方网站。
电话购买：茶百科服务热线 400-606-6060

祁门香

黄山市祁门香茶业有限公司

企业文化：我们期望继续通过过硬的产品质量、优质的售后服务、良好的产品形象、美好的文化价值、优秀的管理方法，建立起来与消费者的一种长久的沟通与信任！现在祁门香茶叶祁门红茶，均在消费中赢得了极好的口碑！

产地简介：黄山市祁门香茶业有限公司坐落于山清水秀、风光迷人的阊江河畔。公司距黄山风景区 85 公里、黄山飞机场 70 公里，皖赣铁路和慈张线公路穿境而过，公路四通八达，交通、通讯条件十分便利。公司环境幽静、风光独具特色。国家级地质公园——牯牛降风景区横卧境内，阊江源南部地处群山环绕，自然植被资源保存较好，水流清澈见底，四季长流，空气清新，环境无污染。优越的气候，得天独厚的自然条件孕育了“祁门香”原料丰富的资源。公司在此建有 8000 多亩茶园基地，设有 5 个初制加工厂和一个清洁化精制加工厂，设计年加工“祁香”牌工夫茶 3 万担。公司同时经营“祁香”牌红毛峰、绿茶等其他类特种茶叶产品。

产品年度简介：公司生产的“祁香”牌红茶条索紧秀、色泽乌黑、色面匀称明亮。祁门香内质香气浓郁高长、似蜜糖香又蕴藏着兰花香，“祁香”牌祁门红茶汤色红艳、滋味醇厚，回味悠长，叶底嫩软发亮，它具备了特殊“祁门香”品味，是广大消费者首先的天然饮料。

品称：国宾礼茶
类别：红茶
规格：50g*3 盒
净含量：150g
原料产地：祁门县绿色产业园
茶叶配料：优质槠叶种
统一市场零售价：1458.00 元

品称：红香螺
类别：红茶
规格：100g*4 罐
净含量：400g
原料产地：祁门县绿色产业园
茶叶配料：优质槠叶种
统一市场零售价：880.00 元

冲泡方法：
取普通白瓷杯一只，投入 3-5 克茶叶，用沸水冲泡，先闻香，再观色，然后慢慢品啜，体会茶趣，一杯茶通常可冲泡 4-5 次。

购买指南
实体店购买：品牌专卖店或茶百科实体店。
网络购买：shop.chabaike.cn 或品牌官方网站。
电话购买：茶百科服务热线 400-606-6060

元泰

福建元泰茶业有限公司

企业文化：“元泰”取意“一元复始、国泰民安”的深刻内涵。1914 年由魏氏家族在日本九洲创立元泰洋行。20 世纪 70-80 年代期间，从事中日土特产、传统工艺品贸易。福建元泰茶业有限公司注册资本 1420 万元，继续沿用元泰商号至今。公司沿承“元泰”之本，以“帮扶互补、以富带贫、共同富裕”为宗旨，致力于各项光彩扶贫事业的发展。公司于 2004 年 7 月在福建省福安设立“光彩事业茶叶基地”，并以此作为扶持闽东茶业，促进茶农增收，为把“坦洋工夫”名牌推向国际市场，重振闽东茶叶雄风的一项重要举措。公司以经营红茶为主，武夷岩茶、绿茶、普洱茶、乌龙茶等为辅，拥有“金元泰”、“国红”、“PANYONG CONGOU”等品牌。于中国福州、银川设立元泰茶业营业部，并在中国香港和日本分别设立元泰茶业办事处。2007 年 8 月，全国首创西式红茶屋亮相蓉城，中西合璧调和人们的口味。红茶复兴之旅迈开又一大步。

产地简介：

福安王家茶场创办于1958年，地处海拔700多米，距城关40公里，下属王家、松罗、下路三个工区，茶园面积 1800 亩。近年来，该场狠抓品种结构调整、绿色食品基地建设和开展闽台茶叶合作，先后引进发展金观音、金牡丹、软枝乌龙等国优、省优及台湾省等高香型茶树良种，发展面积 1300 多亩，是闽东最大集中连片的优新品种生产基地。1999 年基地通过国家绿色食品认证，其中 1200 亩茶园获得瑞士有机茶园认证。

2007 年，福建元泰茶业有限公司在王家茶场设立了“光彩事业福安王家茶场红茶生产基地”，推广百年传统红茶“闽红三大工夫”红茶之一的“坦洋工夫”。为复兴中国红茶而努力奋斗。基地远离工业小区、居民生活小区。茶区内空气清新，水质好，植被覆盖率高、环境优美，生产出的坦洋工夫红茶的品质出众。茶园面积有 150 余亩，品种有当地小菜茶、福安小白茶、毛蟹、金观音、软枝乌龙等，这些优良品种为生产高品质红茶提供了良好的基础，良好的自然生态环境和茶园风光也为观光旅游提供了自然、清新的旅游好去处。

1、地理位置：王家茶场位于福建东部，整个地势从东北、西北、西南向中部和东南沿海呈波状倾斜，构成三面环山，一面临海的格局，属山地丘陵地形，东邻沿海，北靠山区。

2、气候条件：气候温暖湿润，年平均温度 13.6-19.8℃之间，年平均降雨量 1350-2050mm，平均相对湿度 78-84%，年均日照时数在 1905 小时以上，无霜期 287 天以上。土壤以酸性岩红壤和黄壤为主，土层深厚，土壤 pH 值在 4.6-6.5 之间，光热、水及生态资源丰富，森林覆盖率达 72%以上，适合种植茶叶。

产品年度简介：古树红茶，采乔木型古茶树原料制成。来自世界茶树发源地云南，一片孕育了千年野生老茶树的神奇土地，老树发新芽，本品的原料正是采自云南高海拔茶区中历经两个多世纪的老茶树之一芽二叶，运用精湛的红茶制作工艺精制而成。它外形肥壮重实，芽多呈金黄色，冲泡后，香气鲜纯天然，显蜜果香；汤色红橙金黄，艳而不俗，清澈明亮；品之，鲜醇甘爽，齿颊留香；再观叶底，芽头嫩肥完整。可连续冲泡 10 道以上，香气依旧芳馥，甜醇之感充溢口腔，令人回味无穷。

品称：金系列 · 精装版
类别：红茶
规格：40g*12 罐
净含量：480g
原料产地：福建等地
茶叶配料：川红工夫、政和工夫、祁门红茶、云南滇红、坦洋工夫、宜红工夫、海南红茶、苏红工夫、正山小种、白琳工夫、宁红工夫、湘红工夫（各 1 小盒）
统一市场零售价：600.00 元

品称：元泰浪漫红茶系列 · 古树红茶
类别：红茶
规格：30g*2 罐
净含量：60g
原料产地：云南
茶叶配料：古树红茶
统一市场零售价：200.00 元

冲泡方法：

1. 先倒入热开水将茶壶及茶杯温热，再放入红茶；
2. 待开水沸腾之后约 30 秒，水花形成像一元硬币大小的圆形时，冲泡红茶；
3. 盖上壶盖，浸泡 20 秒，立即出汤，即可饮用；
4. 第二泡冲泡时间为 31 秒，以后每次冲泡时间递增（依个人口味浓淡）。

购买指南

实体店购买：品牌专卖店或茶百科实体店。
网络购买：shop.chabaike.cn 或品牌官方网站。
电话购买：茶百科服务热线 400-606-6060

金湘叶

湖南华茗金湘叶茶业有限公司

企业文化：湖南华茗金湘叶茶业有限公司坐落于中国黑茶之乡、世界茶王“千两茶”的发源地——湖南安化。公司前身是益阳市安化华茗茶厂。公司先后研制了“金湘叶”和“湘叶”牌系列黑茶50多款产品，并全面通过了QS认证。其中“金湘叶”牌精品茯砖茶于2009年中国黑茶文化节万人斗茶会上获得银奖。黑砖茶获优质产品银奖。千两茶、百两茶、天尖、黑牡丹等黑茶系列也多次获得了省部级奖励。目前产品畅销全国各地，并且出口韩国、日本、南美、西欧等国家和地区。

产地简介：地处北纬30°，湘中偏北，资水中游，雪峰山脉北麓，属亚热带季风湿润气候。四季分明，春温宜人，夏暑不酷，秋天凉爽，严寒期短，是优质黑茶的出产地。

产品年度简介：金湘叶是湖南华茗金湘叶茶业有限公司鼎立打造的经典黑茶产品。金湘叶黑茶集安化黑茶制作工艺之大成，全部采用优质黑毛茶为原料，其产品具有外观油黑、叶底深褐、汤色红浓、气味清香、口感醇厚、便于携带、利于收藏之特点。是广大黑茶消费者家居、旅游、馈赠和茶饮、餐厅的首选产品。湘蕴茶禅味，叶凝精气神，金湘叶将以领先黑茶品质、大众型消费水准、轻巧型携藏风格，为您的健康惬意生活带来久远的惊喜。

品称：2kg 特制黑砖
类别：黑茶
规格：2kg*1 块
净含量：2kg
原料产地：湖南安化
茶叶配料：优质黑毛茶
统一市场零售价：276.00 元

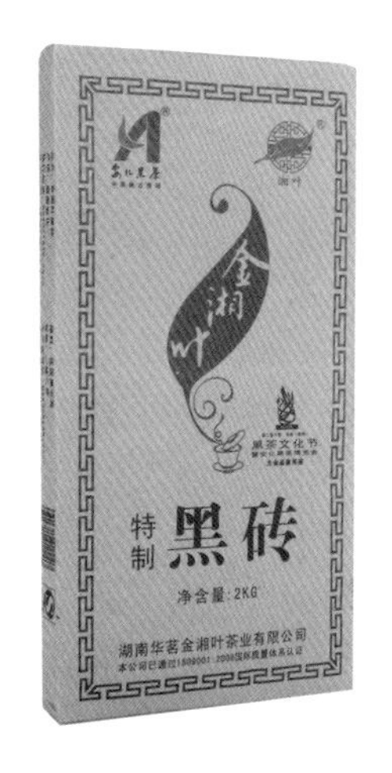

品称：2kg 特制茯砖
类别：黑茶
规格：2kg*1 块
净含量：2kg
原料产地：湖南安化
茶叶配料：优质黑毛茶
统一市场零售价：276.00 元

冲泡方法：

1. 烹煮法

首先把壶用开水烫洗一遍，增加壶的温度，再将茶叶按照 1:40 的比例放入壶中，进行煮茶，待茶叶煮到沸腾时，即可饮用；如在此时截断热源，再将茶水放置 5 分钟左右口感会更佳。

2. 冲泡法

用茶具冲泡，盖碗或者紫砂壶等。先将所需的茶具全部用开水烫洗一遍，按照 1:20 的投茶量放入壶或盖碗中，用沸水温润泡一次倒尽，再进行冲泡，便可饮用。

3. 闷泡法

用一般保温壶冲泡。先把保温壶用开水烫洗一遍，可以提高壶的温度，有利于茶色、香、味的浸出，按照 1:20 的比例投入茶，再用沸水注满，闷泡一小时左右，便可饮用。

4. 调饮法

在茶汤中加入其它辅助的饮品。用烹煮出来的茶汤，按照个人口感需求加入一些辅助的饮品如：糖、酥油、奶、盐等，使茶汤的口感更适合人们的需求，这种方法最常用于边疆少数民族人群。

购买指南

实体店购买：品牌专卖店或茶百科实体店。
网络购买：shop.chabaike.cn 或品牌官方网站。
电话购买：茶百科服务热线 400-606-6060

佤山映象

云南省大境界茶业有限公司

企业文化：云南省大境界茶业有限公司是一家集茶叶生产基地、加工和销售为一体的综合型企业，属下茶叶精制加工厂三家，无污染高山茶园 5000 亩，有机茶园 1300 余亩。“佤山映象”是云南大境界茶业有限公司生产经营的茶叶品牌。“佤山映象”系列茶产品既保存了传统的风格，又注重了科学技术的运用，从茶树的种植到鲜叶的加工都有严格规范的要求，因而保证了每一片佤山茶的品质。公司曾先后取得了国际有机认证和欧盟有机认证，并获得了“公平贸易成员”的称号，产品也在各种茶叶品质比赛中获得了多项奖励。

产地简介：云南省大境界茶业有限公司属下茶厂、茶园均位于云南茶叶主产区——云南省临沧地区沧源县、双江县，该地区所产茶叶品质优良。公司近年来对有机茶系列产品的开发在国内也属领先，所开发的有机茶系列产品更是受到国外市场的欢迎。

产品年度简介：“佤山映象”7581 茶砖，外形：砖型规整，松紧适度，条索肥壮分明，油光润泽。汤色：色泽褐红如琥珀，久泡其艳如故。口感：茶香浓郁，茶气霸道，回味甘甜，绵延，被视为茶人钟爱的收藏精品。

品称：金银砖礼盒
类别：黑茶
规格：500g*2 块
净含量：1000g
原料产地：云南临沧
茶叶配料：临沧大叶种茶青
统一市场零售价：560.00 元

品称：7731
类别：黑茶
规格：250g*1 块
净含量：250g
原料产地：云南临沧
茶叶配料：临沧大叶种茶青
统一市场零售价：45.00 元

冲泡方法：

1. 烹煮法

首先把壶用开水烫洗一遍，增加壶的温度，再将茶叶按照 1:40 的比例放入壶中，进行煮茶，待茶叶煮到沸腾时，即可饮用；如在此时截断热源，再将茶水放置 5 分钟左右口感会更佳。

2. 冲泡法

用茶具冲泡，盖碗或者紫砂壶等。先将所需的茶具全部用开水烫洗一遍，按照 1:20 的投茶量放入壶或盖碗中，用沸水温润泡一次倒尽，再进行冲泡，便可饮用。

3. 闷泡法

用一般保温壶冲泡。先把保温壶用开水烫洗一遍，可以提高壶的温度，有利于茶色、香、味的浸出，按照 1:20 的比例投入茶，再用沸水注满，闷泡一小时左右，便可饮用。

4. 调饮法

在茶汤中加入其它辅助的饮品。用烹煮出来的茶汤，按照个人口感需求加入一些辅助的饮品如：糖、酥油、奶、盐等，使茶汤的口感更适合人们的需求，这种方法最常用于边疆少数民族人群。

奇神紫砂

江苏省宜兴市奇神紫砂有限公司

企业文化：江苏省宜兴市奇神紫砂有限公司系上海工艺美术行业协会成员单位，公司凭着十几年的生产经营发展史，以实力赢得市场并以诚信服务市场。近年来，更是成功转型，销售模式转向全国网络连锁营销方式。 2004 年 10 月，公司再次扩大，以紫砂为纽带，以“奇神”品牌打造一流紫砂茶礼，开拓了名家壶系列、国宾礼品金镶玉系列、紫砂磁化系列、实用紫砂杯系列、中高档紫砂实用茶具系列等几大版块。宜兴市奇神紫砂有限公司，具有一定的规模，技术力量雄厚，集设计、生产、销售为一体，专业打造一流紫砂茶礼。 凭着奇神艺人的职业道德素养和高度的创作热情，以精湛的技艺诚实面对市场，让“奇神”这个品牌理念为全紫砂行业服务。从品质做起，从诚信做起，“奇神”已成为紫砂行业最值得信赖的商标之一，让更多的人了解奇神、认可奇神、收藏奇神紫砂佳品。

产地简介：公司坐落于风景秀丽的江南名城——陶都宜兴，宜兴的紫砂陶器，举世闻名，有口皆碑。不但为宜兴赢得“中国陶都”的美誉，而且更使中国陶器在国际陶瓷艺林中大放异彩。这是历代陶工们智慧的结晶，更离不开大自然恩赐的原料紫砂泥。世界各陶瓷工业发达的国家，早就模仿试制宜兴紫砂，均因泥料的物理性能与化学结构不同而以失败告终。就国内而言，全国各地陶土的分布极为广泛，但也因矿物含量及化学成分等因素与宜兴紫砂无法相比，因此宜兴紫砂泥是宜兴得天独厚的宝贵资源。

产品年度简介：公司所有紫砂制品，得到省权威检测原料机构——江苏省陶研所的隆重推荐，经严格检测，各项指标达标，优秀的原矿品质，是奇神紫砂的首要保证。公司也是陶都紫砂界首家得到省级机构权威推荐的诚信企业。

品称：合欢如意茶具
类别：茶具
原料产地：江苏宜兴市
统一市场零售价：1130.00 元

品称：古韵今生（套）
类别：茶具
原料产地：江苏宜兴市
统一市场零售价：3000.00 元

购买指南

实体店购买：品牌专卖店或茶百科实体店。
网络购买：shop.chabaike.cn 或品牌官方网站。
电话购买：茶百科服务热线 400-606-6060

大名陶记

宜兴市奇神紫砂有限公司

企业文化：

“大名陶记”汇集众多艺术家、实力派陶艺家，佳作频频。作品参展多届国家级行业评比，频频荣获金银奖，并为多家国家级博物馆永久珍藏，更有多件作品荣获国家专利。

“大名陶”砂壶选材纯正，型制典雅，做功精良，沏茗实用。艺师们愿在传承前辈技艺的基础上，师古出新，创作出经得起时光检验的精品，并推崇实人真制，杜绝仿冒假作，以“真、精、美”的品牌风格，将紫砂的实用价值与文化艺术完美结合。

“大名陶记”紫砂体验专区，位于中国陶都陶瓷城别墅区，良好的艺术氛围及专业的技术，将引领更多壶友砂迷探索紫砂艺术的奥妙，意趣无穷。

“大名陶”作品，得到权威检测原料机构——江苏省陶研所的隆重推荐，经严格检测，各项指标达标。优秀的原矿品质，是“大名陶”品牌茶礼的首要保证。

“大名陶”茶礼，有典藏精品类名家作品系列、国宾礼品金镶玉系列、高档实用紫砂杯系列、高档紫砂茶具系列等几大版块。产品选材纯正，型制典雅，做工精良，沏茗实用。

“大名陶”品牌茶礼目前已在北京、新疆、内蒙古、石家庄、青岛、武汉、西安、上海、杭州、广州、深圳、厦门等地建立营销网点，产品销往全国各地、港澳台、新加坡等东南亚国家和地区，甚至影响力已至西欧国家。

“因为专注，所以敬业；因为敬业，所以专业；因为专业，所以卓越！”——华夏名砂“大名陶”以品质建设品牌，以品牌见证品质，竭诚服务于大家，让“大名陶”成为紫砂行业最值得信赖的商标之一，让更多的人认识、认可、收藏“大名陶”的砂壶佳作，“大名陶”在紫砂艺术园林中将更加光彩耀人，恒久永存。

产地简介：“大名陶记”——中国宜兴华夏名砂紫砂艺术馆的创作中心，为《中国质量万里行》“质量跟踪服务单位”。从1994年，由朱可心第三代传人、研究员级高级工艺美术师胡永成嫡徒——谈敏、陈丽英（奇神紫砂董事）领衔创立，地处风景秀丽的江南名城——陶都，有着几十年的生产经营发展史。

产品年度简介：“大名陶”国宾礼品金镶玉系列，传承几近失传的“金镶玉”工艺，以优质紫砂原胎，采用金、银、锡、镍等贵重金属以镂雕、镶嵌等十几种手法，产品华贵高雅、古色古香、更有金碧辉煌的皇家气派。“大名陶”紫砂镶金产品系列已获两项国家专利。

品称：东篱采菊套（段）
类别：茶具
原料产地：中国宜兴
统一市场零售价：2100.00 元

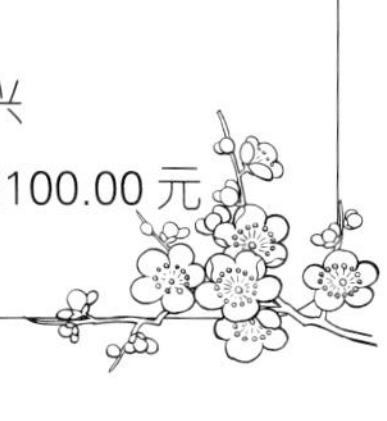

品称：东篱高菊套（段）
类别：茶具
原料产地：中国宜兴
统一市场零售价：2100.00 元

购买指南
实体店购买：品牌专卖店或茶百科实体店。
网络购买：shop.chabaike.cn 或品牌官方网站。
电话购买：茶百科服务热线 400-606-6060

龙泉

企业文化：龙泉青瓷始于 10 世纪前期的五代，盛于宋，以其清澈犹如秋高气爽的天空，宁静似深海的“哥、弟”窑瓷器享誉海内外。

产地简介：龙泉位于浙江省西南部浙闽赣边境，东临温州经济开发区，西接福建武夷山风景旅游区，素有“瓯婺八闽通衢”、“译马要道，商旅咽喉”之称。龙泉于唐乾元二年（759）置县，历史悠久，景色优美，物产丰富，人文荟萃，是著名的青瓷之都、宝剑之邦、世界香菇生产发源地和“中华灵芝第一乡”，被誉为“处州十县好龙泉”。全市面积 3059 平方公里，人口 27.4 万，辖三个办事处八镇八乡 442 个行政村，为浙江省面积第二大县级市。1990 年 12 月，国务院批准龙泉市撤县设市。

产品年度简介：掠翠融青 如冰类玉

品称：哥窑梅青西施壶茶具

类别：茶具

原料产地：浙江龙泉

统一市场零售价：350.00 元

品称：粉青石飘壶茶具

类别：茶具

原料产地：浙江龙泉

统一市场零售价：350.00 元

购买指南

实体店购买：品牌专卖店或茶百科实体店。

网络购买：shop.chabaike.cn 或品牌官方网站。

电话购买：茶百科服务热线 400-606-6060

古德陶瓷

福建德化古德陶瓷有限公司

企业文化：古德陶瓷有限公司依靠景德镇得天独厚的自然资源和历代无可比拟的制瓷技艺，师古创新，顺应现代市场需求，主要致力于各档次餐具、茶具、酒具、咖啡具、厨卫用品等日用瓷以及仿古、青花玲珑、釉里红、粉彩等陈设瓷的研发生产。公司自成立以来，以质良价优的产品和热情周到的服务，诚交了众多世界各地朋友，产品远销欧美。每年出口陶瓷茶具 300 万元人民币，餐具产销量达到每天近 1000 套。为各大型企业设计研制礼品陶瓷近数百种。本公司坚持走高品质、高要求的路线，以“追求卓越、精益求精”为宗旨；以“夯实质量、科技创新、诚信合作”为经营理念。“精致人生 精品古德”，古德陶瓷着力打造精品陶瓷，给追求精致人生的朋友生活增光添彩。

产地简介：公司位于举世闻名的中国瓷都——德化。

产品年度简介：产品特色是色彩丰富，装饰多样，毛坯造型秀丽，花纹生动，格调新颖。

品称：手绘五彩荷花扁罐
类别：陶瓷密封罐
规格：宽约 13.5CM 高约 8.5CM 口径约 9CM
原料产地：中国德化
参考价格：110.00 元

品称：手绘五彩荷花如意罐
类别：陶瓷密封罐
规格：宽约 14.5CM 高约 10CM 口径约 8CM
原料产地：中国德化
参考价格：130.00 元

购买指南

实体店购买：品牌专卖店或茶百科实体店。
网络购买：shop.chabaike.cn 或品牌官方网站。
电话购买：茶百科服务热线 400-606-6060

尚明　　广州尚明硝子家庭用品有限公司

企业文化：“SAMADOYO”、”尚明”、”SAMAMOKO”、”尚明木工”是尚明硝子公司主推的家庭用品设计品牌，主要提供高品质的玻璃、塑胶、五金和木器类的餐厨用品。大部分产品均由尚明硝子广州的生活创新研究中心和日本东京的设计团队共同设计完成。“SAMADOYO尚明”系列产品 2007 年在国内推出后，由于它具富设计感的造型、实用的功能以及精美的包装，引起国内市场的高度关注，成为国内高端商场和超市不可或缺的重要一员。

产地简介：尚明是一家注重产品细节品质和设计感的公司，拥有坐落于广州超甲级写字楼保利国际广场的研发中心、销售服务中心和现代化的规范生产工厂。在产品生产方面，SAMADOYO尚明产品构成的自产率达 98%以上，从最初的模具制造到最后的包装物品的生产，均出自尚明硝子自有车间，始终保持尚明硝子产品的管理一致性，从而在品质、成本和稳定性都得到良好的保障。

产品年度简介：两款产品：壶嘴圆滑，杯身大方，安全实用，带有人性化的控制按钮，采用进口食品级材料，无需去除茶胆就可倒茶，方便简单，采用先进的控水技术，是居家旅游的必备品茶茶具。

品称：尚明新 600ML 品茗杯 (A-10)
类别：茶具
原料产地：广州
统一市场零售价：88.00 元

品称：尚明 600ML 品茗杯（新 B-06)
类别：茶具
原料产地：广州
统一市场零售价：96.00 元

购买指南

实体店购买：品牌专卖店或茶百科实体店。
网络购买：shop.chabaike.cn 或品牌官方网站。
电话购买：茶百科服务热线 400-606-6060

一屋窑　　　　　　上海第一屋百货礼品有限公司

企业文化：在耐热玻璃器皿的世界中，一屋窑一直代表着一种特别的地位象征，而这种象征有人称之为“耐热玻璃高质量的指标”。自 2002 年创立至今，一屋窑设计出多款产品突破传统的工艺及技术，并以高质量的产品推动了市场原有的标准。因此，一屋窑也可以说是集合了众人信赖及尊敬的最佳典范。一屋窑创办人 UNO CHEN，早期在台湾从事贸易工作，专注于进出口百货的高级礼品 20 余年，2002 年在上海成立属于自己的耐热玻璃工作室，集合各地方的专业好手，一起努力经营这个理念。并引进日本、台湾耐热玻璃成熟的技术、理念、材料及工具，结合上海多方面的优点。由于他带领研发部不断地研发，使他所设计的产品获得多项专利，并从此在国际上立下良好口碑。

产地简介：公司总部设在上海，负责中国大陆市场营销及配送，内销产品遍及全国 30 多个省、市、自治区。

产品年度简介：制作原料主要采用膨胀系数为 3.3 的硼硅砂玻璃，能置于瞬间温差零下 20℃到 150℃之间仍不变形破裂，有极佳的化学稳定性。

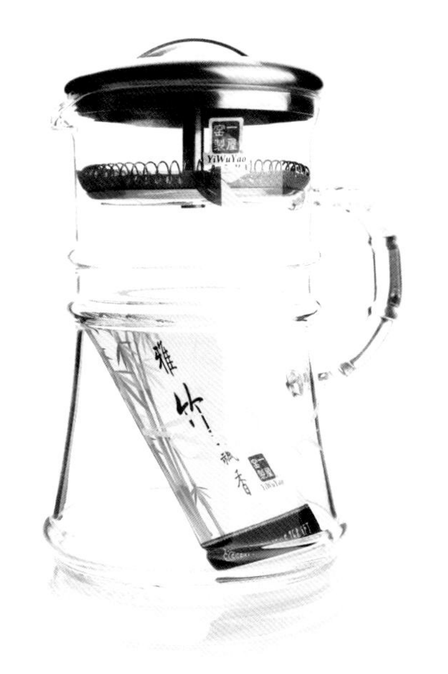

品称：雅竹飘香之全能壶 600ML(FH-789J)

类别：茶具

统一市场零售价：174.00 元

品称：雅竹飘香之全能壶 800ML(FH-790J)

类别：茶具

统一市场零售价：182.00 元

购买指南

实体店购买：品牌专卖店或茶百科实体店。

网络购买：shop.chabaike.cn 或品牌官方网站。

电话购买：茶百科服务热线 400-606-6060

陆宝

陆宝企业股份有限公司

企业文化：陆宝窑于 1973 年成立，是台湾最早具备骨瓷烧制能力的瓷窑，有着超过 30 年以上的陶瓷创作经验。从风格优雅的骨瓷作品到质地古朴的陶艺作品，陆宝窑一路走来始终如一，秉持着文化传承和艺术创造的使命，以优雅的设计、领先的技术和卓越的质量为人称道。现在的消费者，在享受尖端科技进步带来的物质生活之余，更逐渐重视生活方式，一股乐活风潮逐渐盛行。陆宝窑因此决定让传统陶瓷艺术，注入一股乐活的新生命。采用质地精密的天然能量矿土，陆宝窑创造了一系列有益人体健康的乐活养生陶锅和乐活能量商品，希望能让消费者享受更健康、最长久的生活。陆宝窑要为台湾陶瓷行业，创造乐活新纪元。

产地简介：陆宝，陆地之宝，产于台湾。

产品年度简介：乐活，Lifestyles of Health and Sustainability, 不仅是一种健康而长久的生活方式，也需要乐观积极、优美优雅的生活态度，因而陆宝窑也开发了一系列的陶瓷艺品及日用品，包括将中国传统戏曲再诠释的艺术瓷偶，以及各式风格的家饰、家居用品等等。这一系列的商品，散发出乐活的生活态度，强调艺术美学，创作者希望能让消费者乐陶陶地享受人与自然环境间的平衡。

品称：镜清雅旋壶茶组・雅致黑

类别：茶具

统一市场零售价：916.00 元

品称：镜清方圆提梁茶组・雅致黑

类别：茶具

统一市场零售价：856.00 元

茶之韵

四川省雅安茶厂有限公司

企业文化：四川省雅安茶厂有限公司有着300年的悠久历史，是西南地区一家优质低氟边茶生产的科研基地，是国家定点的最大边茶生产厂家，是2005年入驻园区的农业产业化龙头企业。公司占地58亩，以藏茶生产为主，总投资2000万元，年产值1000多万元，生产的“金尖”、“康砖”牌藏茶多次荣获国家、省、部优质产品的光荣称号。

产地简介：四川省雅安茶厂有限公司现有有机茶园6000多亩，生态茶园3万多亩，生产加工基地4万平方米，年产量2万吨以上。雅安地区年均降雨量1800毫米左右，全市森林覆盖率达51.7%，空气质量达国家Ⅰ级，水质达国家Ⅱ类，优越的生态条件和地理环境，为雅安茶厂的有机茶园和生态茶园建设提供了得天独厚的优势。

产品年度简介：其茶产品采用了独特的科学配方，用料考究，制作精细，具有“红、浓、陈、醇”的四绝风格，形成了独有的色、香、味的特色，深受百万藏族同胞的称赞，在藏区久负盛名。新开发的延伸产品车枕造型灵巧，美观实用，别有韵味。

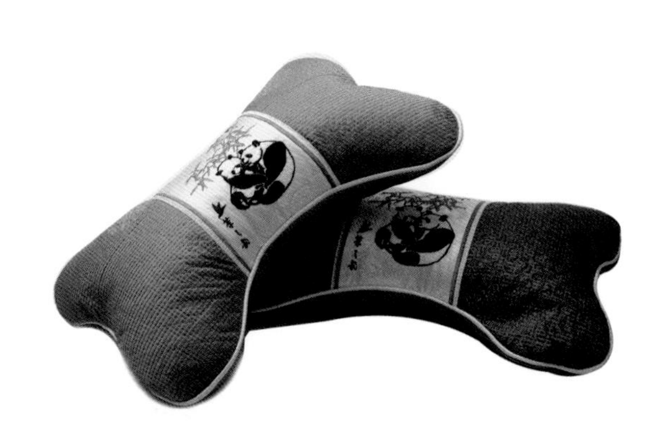

品称：车枕

类别：其他

统一市场零售价：382.00 元

品称：颈枕

类别：其他

统一市场零售价：271.00 元

购买指南

实体店购买：品牌专卖店或茶百科实体店。

网络购买：shop.chabaike.cn 或品牌官方网站。

电话购买：茶百科服务热线 400-606-6060

贡袍茗茶

武夷山茗人茶业有限公司

企业文化：武夷山茗人茶业有限公司于武夷山峦之中，岩壑之上精选上等佳茗，精工细作追溯贡茶制法，始得“贡袍”之真谛，再现帝王茶之风韵，故以“贡袍”而名之。茗人：茶人之意，茶圣陆羽《茶经》云：茶最宜精、行、俭、德之人。以茶为品性的标准、以茶为人生的方向，茶人备受尊崇。茗人公司以“茶人”为工作准则。无论在服务上还是商品品质上都以自然和谐的作风为您奉上茶中馨香。公司是集茶叶连锁加盟经营、种植、生产、加工、销售、科研、茶文化传播为一体的综合型企业，创办于2008年6月，位于风景秀丽的“世界自然与文化双重遗产”地——武夷山。公司主要从事市场运营及品牌推广，先后在武夷山、福州、厦门开办了5家直营茶会所，拥有全国20余家品牌加盟店，350余个产品代销网点。公司秉承“共创 共享 共赢”的合作理念。诚邀各界同仁朋友精诚协作，共创明天的蓝图。

产地简介：公司设有贡袍岩茶厂（主要生产大红袍、武夷岩茶及红茶），厂房面积3000余平方米，拥有资产近4000万元人民币，自然生态茶园1460余亩，资深制茶师8名，常年聘请国家级评茶师、大红袍制作技艺传承人全程担纲技术总监。年生产茶叶量10万余斤，先后获得春茶评比金奖、银奖等各种奖章。

产品年度简介：贡袍：贡品大红袍之意。大红袍历史悠久，作为皇家贡茶始于宋代。更在元大德六年于九曲溪畔之四曲设皇家御茶园产茶入贡。“大红袍”从此成为珍贵好茶的代名词。

品称：武夷神韵正山小种
类别：红茶
规格：5g*10 袋 *4 罐
净含量：200g
原料产地：福建武夷山
茶叶配料：武夷红茶
统一市场零售价：380.00 元

品称：特制大红袍
类别：乌龙茶
规格：5g*10 袋 *3 盒
净含量：150g
原料产地：福建武夷山
茶叶配料：武夷岩茶
统一市场零售价：280.00 元

冲泡方法：

1. 洗杯：用开水冲洗茶具，进行洗杯、温杯。
2. 落茶：把茶叶放入茶具，茶量约 7–8 克，占茶具容量的五分之一。
3. 洗茶：把开水倒入茶杯，在茶叶完全展开之前把水倒掉，洗净茶叶表面涤尘。
4. 冲茶：把滚开的水提高冲入茶杯，使茶叶转动。
5. 倒茶：泡 1—2 分钟后，把茶水依次巡回注入并列的茶杯里。
6. 喝茶：趁热细啜，先嗅其香，后尝其味，边啜边嗅，浅斟细饮。

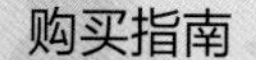

购买指南

实体店购买：品牌专卖店或茶百科实体店。
网络购买：shop.chabaike.cn 或品牌官方网站。
电话购买：茶百科服务热线 400-606-6060

红尊®
红茶世家 尊享百年
—公元1908—

红尊

红尊茶业（武夷山）有限责任公司

企业文化：红尊茶业（武夷山）有限责任公司成立于2009年，其母公司为福建三禾农资有限公司，是福建百强快速成长型企业，工厂位于红茶“正山小种”及“金骏眉”的核心发源地：武夷山国家级自然保护区桐木村。得天独厚的地理优势，稀罕品种的优质口碑，精准的通路营销和媒体投放，短短几年时间，成功塑造了“红尊野茶”品牌商业奇迹，成为中国红茶高端领域的一匹黑马。

产地简介：产区四面群山环抱，山高谷深，年降水量达2300毫米以上，相对湿度80-85%，大气中的二氧化碳含量仅为0.026%。具有气温低、降水多、湿度大、雾日长等气候特点。雾日多达100天以上，春夏之间终日云雾缭绕，海拔1200-1500米，冬暖夏凉，昼夜温差大，年均气温18度，日照较短，霜期较长，土壤水分充足，肥沃疏松，有机物质含量高，茶树生长繁茂，茶芽粗纤维少，持嫩性高。茶叶香气独特，品质纯正，产量极低。

产品年度简介：红尊大红袍产自于著名的三坑两涧茶区，纯手工制作而成，口感呈现出一种完美的神韵，色泽褐绿，汤色橙黄清澈，香气久泡尤存，入口醇厚而鲜爽。

品称：龙尊金骏眉
类别：红茶
规格：250g*1 罐
净含量：250g
原料产地：武夷山
茶叶配料：高山野生新鲜茶叶
统一市场零售价：2800.00 元

品称：精品金骏眉
类别：红茶
规格：125g*2
净含量：250g
原料产地：武夷山
茶叶配料：高山野生新鲜茶叶
统一市场零售价：1800.00 元

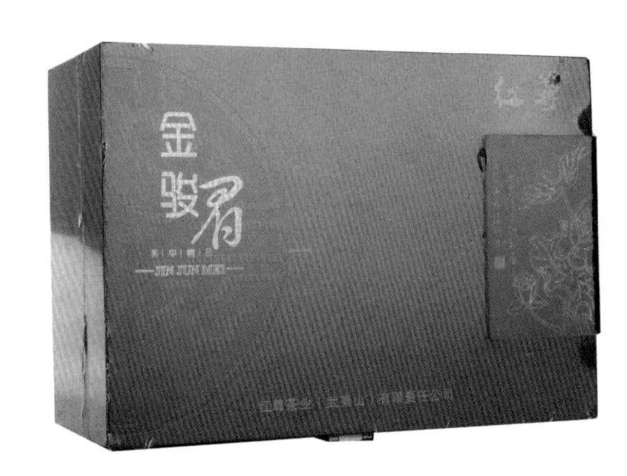

冲泡方法：

1. 器皿选择：建议选用功夫茶白瓷杯组或者透明玻璃杯，这样在冲泡时既可享受冲泡时清香飘逸的茶香，又可欣赏芽尖在水中舒展的优美姿态与晶莹剔透的茶汤。
2. 水温控制：红茶不能用滚烫 100℃的开水冲泡，特别是用茶叶嫩芽尖制作的金骏眉，需等开水凉到 80-90℃后再冲泡。茶叶放 3-5 克即可，第一泡是洗茶，快速出水，洗杯闻香，第一泡至第十泡时长约为：15 秒、25 秒、35 秒、45 秒、1 分钟、1 分钟 10 秒、1 分钟 20 秒、1 分钟 30 秒、2 分钟、2 分钟 30 秒。
3. 冲泡技巧：预先放入 3 克金骏眉进行温润洗茶后，为保护细嫩的茶芽表面的绒毛及避免茶叶在杯中激烈的翻滚，应沿着白瓷盖碗或玻璃杯的杯壁细细的注入水，可保证茶汤的清澈亮丽。
4. 水质选择：选用山泉水、井水、纯净水等含钙镁低的“软水”，或选用水质新鲜，无色无味且含氧量高的水冲泡。

庆元堂　　安徽省庆元堂徽菊有限公司

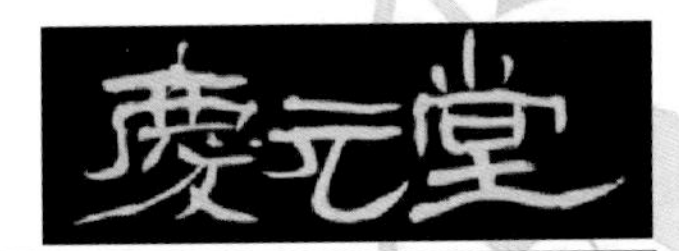

企业文化：安徽省庆元堂徽菊有限公司坐落于世界自然与文化遗产地黄山脚下的“中国有机徽菊之乡”——休宁县，是一家新兴的以科研为先导，集生产、加工、销售为一体的省级农业产业化龙头企业。公司主要从事徽菊生物工程研究和有机徽菊生产，已成功开发出的“庆元堂”牌有机徽菊和无公害徽菊，是目前国内独具特色的生态保健饮品，已获得国内有机认证机构和欧盟有机认证机构的有机颁证。

产地简介：“庆元堂”现已开发的2万亩徽菊基地，2007年10月被国家标准化管理委员会授予“国家级I类有机徽菊标准化示范区”称号，之后，部分产品又获得了瑞士生态市场研究所（IMO）颁发的国际“有机产品认证证书”。公司依靠科技创新，严格的企业管理，现代化的加工设备，清洁化生产线，先进的加工工艺，为国内外市场提供“纯天然、无污染、富营养、高品位”的有机和无公害徽菊系列高档次礼品。

产品年度简介：红花茶树油精选大别山海拔800米以上稀有红花油茶籽压榨而成，尤为珍贵。

品称：庆元堂有机徽菊（红盒）
类别：花茶
规格：39g*2 听
净含量：78g
原料产地：安徽黄山
茶叶配料：有机徽菊鲜花
统一市场零售价：388.00 元

品称：庆元堂有机徽菊（黄盒）
类别：花茶
规格：59g*2 听
净含量：118g
原料产地：安徽黄山
茶叶配料：有机徽菊鲜花
统一市场零售价：588.00 元

冲泡方法：
90℃左右水温，玻璃器皿冲泡为佳。

购买指南
实体店购买：品牌专卖店或茶百科实体店。
网络购买：shop.chabaike.cn 或品牌官方网站。
电话购买：茶百科服务热线 400-606-6060

泉笙道

湖南泉笙道茶业有限公司

企业文化： 湖南泉笙道茶业有限公司成立于 2000 年，专营高档黑茶、茶具的国内销售和对外贸易。2009 年 1 月泉笙道茶业首创茶业史上智能茶饮机，获得 2009 年中国茶品牌最具创意茶具设计品牌陆羽奖。泉笙道茶业推出的“和藏”、“禅洱”牌系列高档黑茶，产品品质优良，品牌立意高远，服务质量上乘，鹤立国内众多黑茶品牌。其中，“禅洱”连续获得 2008 年、2009 年中国国际茶业博览会黑茶类品质金奖及其他众多奖项。

产地简介： 公司大力投资新建生产基地，除原有的生产基地（湖南省茶叶研究所内），还在隆平科技园内建了全新的茶厂，并以千万巨资打造全机械化精制加工设备和创新工艺流程体系，使得成品茶的综合品质得到了有效保障，从而成功克服了我国当下黑茶原料生产和成品精加工过程中的两大薄弱环节。这便是该公司产品品质高于同行业水平的重要原因。

产品年度简介： “泉”系列产品为禅洱茯茶最具特色的一款，“泉”字茯茶特别加入了晒青大叶种原料，使之既有普洱茶的高香、回甘、茶气，又不失传统茯茶的醇甜和保健功能。茶叶砖面平整，棱角分明，条索精细，“金花”茂盛，颗粒饱满，汤色黄橙明亮，口感纯和爽滑，菌花香中带花香，味浓而不烈，厚而不涩，适合口感较重（好饮生普或浓茶）者。

品称：经典泉
类别：黑茶
规格：248g/块
净含量：248g
原料产地：湖南长沙
茶叶配料：优质安化黑茶
统一市场零售价：200.00元

品称：经典笙
类别：黑茶
规格：248g/块
净含量：248g
原料产地：湖南长沙
茶叶配料：优质安化黑茶
统一市场零售价：95.00元

冲泡方法：

用高温水冲泡。虽比较温和耐浸，但亦忌长时间浸泡，否则苦涩味重。如冲法得宜，则茶汤清澈，茶味醇厚。宜用紫砂茶具冲泡，建议冲泡法如下：

1. 分　量：置放相对于茶壶2/5的茶量；
2. 水　温：100℃；
3. 浸泡时间：约10秒至30秒；
4. 冲泡次数：约10次。

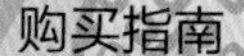

瑞庚

北京瑞庚食品有限公司

企业文化：北京瑞庚食品有限公司是一家集生产、采购、加工和销售为一体的公司，由瑞庚礼业商贸有限公司、瑞庚茶庄和网商（北京）科技有限公司联合投资，主要经营干果、年货、食用菌、南北干货、炒货、茶叶、茶油等多个系列产品。北京瑞庚礼业商贸有限公司拥有一个充满活力、高效率的营销管理团队，公司总部、储运部、加工部、销售部和市场部人员上百余人，其中75%以上都具有大专或以上学历。瑞庚食品有限公司本着“诚信务实、永续发展”的发展理念；本着“以人为本、勇于开拓”的管理理念；本着“绿色、安全、健康”的质量理念；本着“品质为根、诚信为本”的经营理念；本着“资源共享、平等互惠” 的合作理念；本着“客户第一、服务至上”的服务宗旨；发扬“勤奋求精、爱岗敬业”的创业精神。用最佳的售前、售后服务和实惠的价格为您提供一流放心满意的产品，真正做到让消费者“买的放心，吃的舒心”。同时，秉承“资源共享、平等互惠、合作共赢、提高时效、共享成果” 的合作原则，销到全国，走出国门，服务全社会，用卓越的品质造就辉煌，以永恒的承诺去追求完美。

产地简介：在安徽金寨县建了2000亩的有机茶叶和食品生产加工基地，依托当地优势资源以求得企业的更快速发展。

产品年度简介：曼妙伊人牌花果茶，是一种复合型果肉茶饮，优选南北区域的多种果肉作为原料，在保持原有营养成分的基础上，合理搭配洛神花和玫瑰花烘焙而成。

品称：曼妙伊人（B）款
类别：花果茶
规格：968g/ 盒
净含量：968g
原料产地：北京市房山
茶叶配料：蓝莓、蜜桃、柠檬、玫瑰、单晶冰糖、野山花蜂蜜。
统一市场零售价：198.00 元

品称：东方美韵
类别：花果茶
规格：240g*2 罐 *2 盒
净含量：960g
原料产地：湖南长沙
茶叶配料：玫瑰花、玫瑰茄、什锦水鬼粒、葡萄糖等。
统一市场零售价：218.00 元

冲泡方法：

1. 水温和水质都是冲泡花果茶的重要因素。可以选择纯正矿泉水，然后把水煮沸，冲泡的水温一般在 95℃左右，这样泡出茶的颜色澄亮色正，味道也不错，用玻璃壶，大约 500 毫升。
2. 浸泡 15 分钟以上。第一泡时间需要浸泡长一些，回冲可以缩短时间。
3. 花果茶最好是想喝多少泡多少，喝不完要放冰箱，可以延长 1-2 天，时间长了就不要再喝了。

购买指南

实体店购买：品牌专卖店或茶百科实体店。
网络购买：shop.chabaike.cn 或品牌官方网站。

电话购买：茶百科服务热线 400-606-6060

帝泊洱　云南天士力帝泊洱生物茶集团有限公司　Deepure帝泊洱®

企业文化：中国现代中药领军企业——天士力集团，针对现代人饮食过剩、生活不规律出现的亚健康状态，推出了饮品领域“全新品类”帝泊洱。帝泊洱选用云南普洱市高海拔优质大叶种茶叶，经过生态种植与生物科技完美结合，制成接近纳米级的纯天然、高倍普洱茶精华，蕴含丰富茶多酚、茶色素、茶多糖、咖啡碱精配而成的普洱因子，无任何添加剂，更有益于人体吸收。喝帝泊洱，为身体做减法，为健康做加法，极大改善亚健康状态。

产品年度简介：帝泊洱的原产地普洱市，拥有4.5万公顷自然生态保存完好的亚热带原始森林，在那里距今2700年的普洱茶“古茶王”依然苍翠挺拔，展示着普洱茶旺盛的生命力，凝结现代科技智慧的帝泊洱穿越时空带给人们快乐健康的美好生活。

品称：即溶普洱茶珍（金小清香型礼盒）
类别：深加工茶
规格：5g*10 盒（共 100 袋）
净含量：50g
原料产地：云南普洱
茶叶配料：云南大叶种普洱茶
统一市场零售价：418.00 元

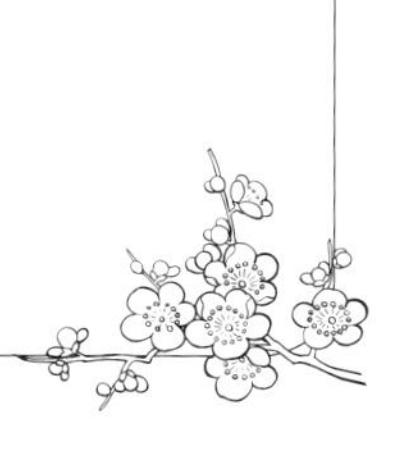

品称：即溶普洱茶珍（古茶小礼盒）
类别：深加工茶
规格：5g*10 盒（共 100 袋）
净含量：50g
原料产地：云南普洱
茶叶配料：云南大叶种普洱茶
参考价格：1288.00 元

品称：溶普洱茶珍（清香红礼盒）
类别：深加工茶
规格：0.5g*30 袋 *2+0.5g*10 袋 *4
净含量：50g
原料产地：云南普洱
茶叶配料：云南大叶种普洱茶
统一市场零售价：497.00 元

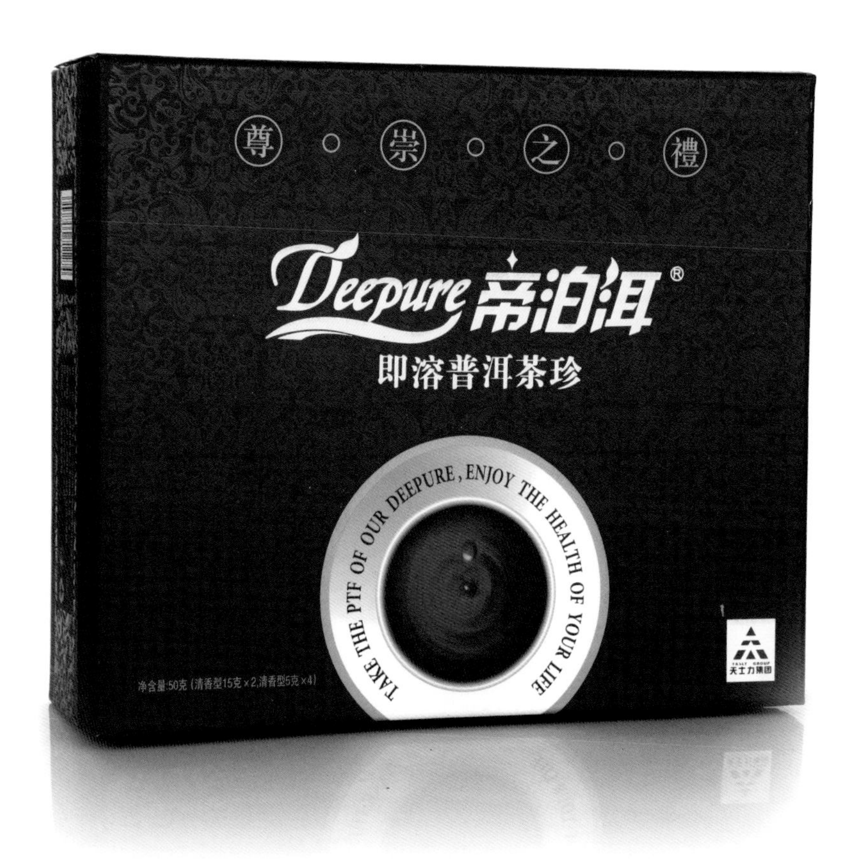

品称：即溶普洱茶珍（清香型铁盒）
类别：深加工茶
规格：0.5g*200 袋
净含量：100g
原料产地：云南普洱
茶叶配料：云南大叶种普洱茶
统一市场零售价：708.00 元

冲泡方法：

1. 每次 1 袋（0.5g）加入 200-300ml 水，即冲即饮，轻松享用。
2. 使用 60-70℃热水冲泡，香气充溢，口味更佳。

购买指南

实体店购买：品牌专卖店或茶百科实体店。
网络购买：shop.chabaike.cn 或品牌官方网站。
电话购买：茶百科服务热线 400-606-6060

老同志　　安宁海湾茶业有限责任公司

企业文化：“老同志”普洱茶以山水之灵秀，人工之精良，秉承普洱茶大师邹炳良先生“为天下人做好茶”之宗旨。2006 年 -2011 年作为中国食品安全示范企业获得有机产品认证，通过ISO9001:2008 质量管理体系认证，ISO22000:2005 食品安全管理体系认证。并且荣膺“云南省著名商标”，获评“云南省名牌”、“普洱茶十大知名品牌”。

产地简介：“老同志”普洱茶鲜叶原料产自滇西的横断山脉以及美丽、神奇、富饶的西双版纳。两处生产基地的森林资源极为丰富，经年温暖，阳光充足，湿润多雨，独特的地理位置和气候条件孕育了野生大叶种和优质的茶叶原料，确保了“老同志”普洱茶的优良品质。

产品年度简介：“老同志”普洱茶醇 、香、甘、甜 。汤色金黄透亮，油润，生津，茶气足。

品称：老同志 9978（122）普洱熟茶
类别：黑茶
规格：357g/ 饼
净含量：357g
原料产地：云南勐海
茶叶配料：云南优质大叶种乔木普洱茶
统一市场零售价：48.00 元

品称：老同志饼茶 7578（121）普洱熟茶
类别：黑茶
规格：357g/ 饼
净含量：357g
原料产地：云南勐海
茶叶配料：云南优质大叶种普洱茶
统一市场零售价：60.00 元

品称：老同志砖茶 9968（121）普洱生茶
类别：黑茶
规格：250g/ 块
净含量：250g
原料产地：云南勐海
茶叶配料：云南优质大叶种乔木普洱茶
统一市场零售价：35.00 元

品称：老同志 9988（121）普洱熟茶
类别：黑茶
规格：250g/ 块
净含量：250g
原料产地：云南勐海
茶叶配料：云南优质大叶种乔木普洱茶
统一市场零售价：35.00 元

品称：老同志布朗山普洱茶生茶

类别：黑茶

规格：500g/块

净含量：500g

原料产地：云南勐海

茶叶配料：云南优质大叶种乔木普洱茶

统一市场零售价：478.00元

冲泡方法：

1. 撬茶：用茶刀从普洱紧压茶，撬下适量（5–10g）普洱茶；
2. 投茶：将撬下的茶叶投入飘逸杯内杯中；
3. 准备冲泡：将装有茶叶的内杯放入外杯中；
4. 第一泡：将沸水冲入杯中，这第一泡也叫洗茶；
5. 洗杯：用第一泡茶汤涮洗外杯然后倒掉，有助于提高普洱茶的醇厚味道；
6. 第二泡：再次冲入沸水泡茶，这一泡开始是用来喝的了；
7. 出汤：按动开关打开内杯阀门，让茶汤流到外杯中，若汤量不够还可再次冲泡，多次出汤。

购买指南

实体店购买：品牌专卖店或茶百科实体店。

网络购买：shop.chabaike.cn 或品牌官方网站。

电话购买：茶百科服务热线 400-606-6060

老記茶业
LAO JI TEA

老记茶业　福建省武夷山老记茶业有限公司

企业文化：老记大红袍源于福建省武夷山，扎根中国，力图从民族与国际的多元视角诠释武夷山大红袍。公司全面借鉴和引入了香港皇权集团国际化的营销理念和品牌管理模式进行运作。在不断提升制茶工艺和产品品质的同时，始终以弘扬中华茶文化为己任，致力于通过皇权遍布世界各地的渠道把老记产品推向全世界，将“老记”打造成中国乃至世界的高端茶叶品牌。

产地简介：武夷山拥有正岩区和半岩区千余亩茶园，秉持大红袍制作技艺传承人精湛的采制工艺，同时注重科技创新，集现代生产技术与传统制茶工艺于一体，通过建立茶叶生产基地，引进、开发、推广先进的种茶制茶技术，从茶叶的良种选育、有机化栽培、标准化生产与管理等各个环节全面发展茶产业。

产品年度简介：武夷岩茶的特点，条索紧结壮实，又点缀着黄色的金花，清晰可见，二者的完美结合，使金花大红袍口感更加醇厚、顺滑，香气更加浓郁，底蕴更加深厚。

品称：金花大红袍
类别：乌龙茶
规格：70g
净含量：70g
原料产地：福建
茶叶配料：半发酵乌龙茶
统一市场零售价：1680.00 元

品称：大红袍风生
类别：乌龙茶
规格：112g
净含量：112g
原料产地：福建
茶叶配料：半发酵乌龙茶
统一市场零售价：108.00 元

品称：大红袍风生 160g
类别：乌龙茶
规格：160g/ 盒
净含量：160g
原料产地：福建
茶叶配料：半发酵乌龙茶
统一市场零售价：138.00 元

品称：大红袍三年洞藏
类别：乌龙茶
规格：8g*21 袋
净含量：168g
原料产地：福建
茶叶配料：半发酵乌龙茶
统一市场零售价：760.00 元

品称：故宫二号大红袍
类别：乌龙茶
规格：8g*20 袋
净含量：160g
原料产地：福建
茶叶配料：半发酵乌龙茶
统一市场零售价：580.00 元

冲泡方法：
用 95℃以上沸水冲泡，随泡随饮。

兴久

福建武夷山深宝裕兴茶叶有限公司

企业文化：福建武夷山深宝裕兴茶叶有限公司生产厂房建在武夷山风景名胜区桂花岩边，生态环境得天独厚、青山环绕、流水潺潺。公司出品的“兴久”岩茶选自武夷山马头岩、竹窠、水帘洞、三仰峰、吊灯笼等山场茶青加工而成。公司成立以来，十分重视打造武夷岩茶品牌，在继承武夷岩茶传统制茶工艺和悠久茶文化的基础上，不断开拓创新，丰富发展，不仅塑造了武夷岩茶更加优异的内质，还精心打造出独具特色的“兴久”牌大红袍、梅占、玉桂、石乳香、老君眉及水仙等系列武夷岩茶。

产地简介：武夷山悬崖绵亘，岩头兀突，烂石沃土，气候温和，且泉质清冽、云气绝佳；从山顶到山脚，山坑、岩壑间到处都有种茶，其主产地有马头岩、天心岩、慧苑、竹窠、碧石、九龙窠、燕子窠、御茶园、水帘洞、玉花洞、桃花洞、佛国、桂林、三仰峰等等。

产品年度简介：有较浓的炭焙火香，有浓郁的焦糖甜香。口感：茶汤软绵较鲜爽。汤色：深橙透亮，油润，茶汤厚稠。叶底：肥厚暗沙绿。

品称：兴久兰谷大红袍（铁盒）

类别：乌龙茶

规格：7.5g*16 袋

净含量：120g

原料产地：福建武夷山

茶叶配料：武夷岩茶

统一市场零售价：460.00 元

品称：兴久大红袍（铁盒）

类别：乌龙茶

规格：7.5g*16 袋

净含量：120g

原料产地：福建武夷山

茶叶配料：武夷岩茶

统一市场零售价：360.00 元

冲泡方法：

推荐使用白瓷盖碗或紫砂壶，95℃以上沸水冲泡，先烫壶杯，根据个人喜好，按 7.5 克至 15 克茶叶下量。第一次冲泡刮除表面泡沫，加盖后约 30~40 秒，依次巡回将茶汤注入饮用杯中，按此冲法可连续冲泡 11 次以上。

购买指南

实体店购买：品牌专卖店或茶百科实体店。

网络购买：shop.chabaike.cn 或品牌官方网站。

电话购买：茶百科服务热线 400-606-6060

叙府茶业

Xufu Tea Industry

叙府

四川省叙府茶业有限公司

企业文化：四川省叙府茶业有限公司拥有目前经认证的全国规模最大的高山有机茶基地——宜宾县黄山茶园基地和中国西部最大的茶业科技园——金秋湖叙府龙芽科技园。公司生产的"叙府春芽"、"叙府春露"、"茉莉花茶"、"野生苦丁茶"等系列产品已通过"绿色食品"认证；"叙府龙芽"、"叙府春芽"、"叙府毛峰"、"叙府春露"等系列产品已通过有机茶认证。

产地简介：叙府茶业黄山万亩高山有机茶基地，始建于1956年，是四川省最大的专业农垦茶场。黄山茶场森林覆盖面积80%以上，常年雨水充沛，云雾缭绕，生态优美。黄山茶场天然造化的1600余年国宝级野生茶树群落中有直径46厘米，树高20余米的双株连体野生大茶树，堪称茶王和茶树奇观。西黄山海拔900—1350米，是茶树生长的最适宜区域，土壤有机质含量丰富，昼夜温差大，茶树生长旺盛，茶叶天然品质优异。黄山茶场已于2012年全面通过了中农认证中心有机茶认证，是中国目前最大高山有机茶园。

产品年度简介：宜宾早茶叙府龙芽，选用公司自有土地使用权的万亩高山生态园之优质独芽，精心精制而成。其外形挺直秀雅，匀整、饱满一致，色泽嫩绿鲜润，香气嫩香浓郁持久，汤色嫩绿鲜亮，滋味鲜爽回甘。嫩香与碧芽共舞，沉浮之间，释放天地之灵气。出身尊贵，历练善治，终成上善之品。

品称：叙府龙芽
类别：绿茶
规格：228g/ 盒
净含量：228g
原料产地：四川省宜宾市
茶叶配料：鲜嫩茶芽
统一市场零售价：1760.00 元

品称：叙府龙芽（上善）
类别：绿茶
规格：180g/ 盒
净含量：180g
原料产地：四川省宜宾市
茶叶配料：鲜嫩茶芽
统一市场零售价：842.00 元

冲泡方法：
取 3 克左右叙府龙芽茶叶，用 90℃左右沸水冲泡 3-7 分钟即可品饮。

王光熙

•松萝茶25代传人•

王光熙　　黄山市松萝有机茶叶开发有限公司

企业文化：黄山市松萝有机茶叶开发有限公司始创于1994年，近20年来，企业坚持重内涵、强品牌、扩规模，现已发展成为一家集茶叶种植、生产、加工、销售、贸易、研发为一体的农业产业化国家重点龙头企业和全国农产品加工业示范企业，是安徽省松萝茶业集团母公司。集团下设机构有：松萝茶叶科技公司、松萝茶具公司、王光熙茶业公司、松萝工贸公司、黄山松萝茶文化博物馆、松萝茶叶超市、松萝专业合作社、休宁县松萝茶业扶贫互助社等。集团总部占地100亩，注册资金2500万元，拥有员工近400名，拥有清洁化生产厂房45000平方米，原料生产基地8万余亩，其中安徽省农产品出口示范基地3万亩，全部通过无公害认证，公司还先后通过了GAP、QS、ISO9001、有机茶等系列认证。公司产品主要有屯绿出口眉茶、松萝名优茶、松萝茶具三大系列。注册商标有“松萝山”、“王光熙”、“天都峰”、“松萝”等，其中，“松萝山牌”松萝茶和“松萝山牌屯绿眉茶”分别被授予“安徽名牌”和“安徽出口名牌”，“松萝山牌”商标被评为“安徽省著名商标，产品畅销国内20多个省市及亚、欧、美、非洲等国家和地区。公司2012年加工茶叶1.4万吨，实现产值3.6亿元（其中自营出口创汇1828万美元），上缴税收超千万元。公司先后获得“全国农产品加工业示范企业”、“全国茶叶行业百强企业”、“中国质量诚信企业”、“安徽省茶产业十强企业”、“省级扶贫龙头企业”、“省A级纳税信用单位”等荣誉称号。企业信用等级AA+，企业创办的茶叶加工技术研发中心被认定为省级技术中心，企业牵头组建的黄山市松萝茶业专业合作社被评为省级示范合作社。“十二五”公司将以生态茶园建设为基础、茶叶精深加工为重点，茶文化开发为纽带，构建和谐社会为己任，进一步创新机制，激发茶产业内部活力，建立完整的产业链条；加快技术创新步伐，以技术进步支撑产业快速发展，将以人为本纳入企业核心建设内容；积极发挥龙头企业的辐射带动作用，密切公司与农户的利益连接机制，加快推进茶业产业化进程，力争“十二五”内实现年销售收入超8亿元，年自营出口创汇5000万美元，直接带动10万户茶农年均增收1000元，成为全国最大的绿茶生产、加工、出口基地。

产地简介：原料基地8万余亩，通过了ISO9001、ISO14001、有机茶、IMO、QS、GAP等国家级系列认证。

产品年度简介：松萝茶含有较多的营养成分和药效成分，它具有色绿、香高、味浓等特点。条索紧卷匀壮，色泽绿润；香气高爽，滋味浓厚，带有橄榄香味，汤色绿明，叶底绿嫩。

品称：王光熙·茗传四海·黄山松萝
类别：绿茶
规格：60克*4盒
净含量：240g
原料产地：安徽黄山
茶叶配料：黄山松萝茶种茶树鲜叶
统一市场零售价：1388.00元

品称：王光熙·茗门经典·黄山松萝特一级
类别：绿茶
规格：50克*5盒
净含量：250g
原料产地：安徽黄山
茶叶配料：黄山松萝茶种茶树鲜叶
统一市场零售价：888.00元

冲泡方法：
取茶约3克，用150毫升90℃以上开水冲泡，加盖浸泡约5分钟再饮用。

购买指南
实体店购买：品牌专卖店或茶百科实体店。
网络购买：shop.chabaike.cn 或品牌官方网站。
电话购买：茶百科服务热线 400-606-6060

怡清源

中国驰名商标

怡清源

湖南省怡清源茶业有限公司

企业文化：怡清源茶业，茶业专家，不做别的，一切为了茶，致力于中国茶产业的发展，集茶叶科研，茶园基地建设，茶叶生产加工、销售、茶文化传播于一体，以生产经营安化黑茶、绿茶、黑玫瑰女性茶等保健茶为主的综合型茶企。

产地简介：怡清源生态优质茶茶园基地位于湘西北神奇的北纬 30 度左右的武陵山脉、雪峰山脉，平均海拔 800 米以上，生态环境优良，境内层峦叠嶂，河流纵横，森林密布，长年云雾弥漫，土壤肥沃，雨量充沛，土质富含硒、锌等矿质元素，是最原始、最自然、最绿色的产茶环境，是世界公认的优质茶产区黄金纬度带。

产品年度简介："黑玫瑰"茶，味甘微苦，性温和，融合了安化黑茶"消食去腻、降三高"功效；玫瑰花"和血，行血，理气"之功效，具有明显的行气活血、化淤、调和脏腑的作用，其活血功效大于单一玫瑰花 2 倍以上；"黑玫瑰"茶，深层排毒，消除人体内肝、肾、肠道毒素，其排毒功效大于单一安化黑茶 3 倍以上。经 876 次试验（包括毒理试验），1 万名不同年龄阶段女性朋友试饮，有"生态美容，实惠美容，方便美容"三大特点，是"中国第一款女性生态美容养颜茶"。

品称：黑玫瑰
类别：黑茶
规格：37.5g/听
净含量：37.5g
原料产地：湖南安化
茶叶配料：野尖安化黑茶
统一市场零售价：86.00元

品称：原叶茯砖
类别：黑茶
规格：800g*1块
净含量：800g
原料产地：湖南安化
茶叶配料：黑毛茶
统一市场零售价：360.00元

冲泡方法：
取茶8g放入如意杯中，加入100℃沸水冲泡10秒左右，随即将水倒掉，此为润茶；再加入100℃沸水冲泡3分钟左右即可饮用；可连续冲泡数次。

聚芳永

杭州聚芳永控股有限公司

企业文化：在产品的每个加工环节上做到精益求精，从茶园到茶杯，保证每一片茶叶都健康、安全，每一个环节都打上“聚芳永”品质保证的烙印。作为新企业，进入这个行业，目标是要花三年乃至更长的时间，扎根杭州，辐射全国，打造龙井茶的全国知名品牌。跟杭州其他茶叶企业虽有竞争，但更多的是合作关系，大家齐心协力，一起将龙井茶推向全国，把市场做大，分享更大的品类收益。“好龙井 聚芳永”既是公司的品牌口号，同时也是公司对消费者的质量承诺。

产地简介：聚芳永茶业有限公司由深圳市深宝华城有限公司与深圳市深宝实业股份有限公司共同投资成立。公司不断秉承“锐意进取，开拓创新”的创业精神，已成为一家集茶叶种植、制造、深加工、销售、科研、文化于一体的茶及天然植物原料专业公司。公司位于“全国生态农业示范县”、“AAA 级国家文化生态旅游区”、“中国最美的乡村”——江西省婺源县，是江西省农业产业化龙头企业、外贸出口重点茶叶企业、江西茶业联合会理事单位、婺源绿茶联合会副会长单位、江西省和上饶市茶叶流通协会会员单位。

产品年度简介：“叩春”最大的特色是“早”，是龙井茶中最早感知春天的品种，品尝产品时似乎能感受到早春中第一抹新绿叩响了春天的大门，其外形以一芽一叶为主，冲泡后杯中芽叶匀整肥壮、赏心悦目，茶水色泽淡绿，香气淡雅，滋味清爽、入口极纯，细品有淡淡的清甜。

品称：叩春

类别：绿茶

规格：3g*8*4/ 盒

净含量：96g

原料产地：浙江杭州

茶叶配料：龙井茶

统一市场零售价：880.00 元

品称：逸春

类别：绿茶

规格：3g*8*4/ 盒

净含量：96g

原料产地：浙江杭州

茶叶配料：龙井茶

统一市场零售价：980.00 元

冲泡方法：

该品种发芽早，冲泡时适合少量水（100-150ml 水，约半杯），较低水温（80-85℃左右），2-3 泡为适合冲泡次数，满足茶客起“早”贪鲜的需求。

购买指南

实体店购买：品牌专卖店或茶百科实体店。

网络购买：shop.chabaike.cn 或品牌官方网站。

电话购买：茶百科服务热线 400-606-6060

羊楼洞

羊楼洞茶业有限公司

企业文化：羊楼洞茶业有限公司是一家集茶产品研发、生产、加工、销售、茶楼经营、茶文化产业和生态旅游观光于一体的多品牌运作、多元化发展的茶产业集团。公司总部坐落于湖北赤壁，前身是始建于1951年，由国家设立的中华茶叶公司羊楼洞松峰茶厂，1956年公私合营后成为我国保留的三大茶厂之一；羊楼洞自唐贞观年间种茶开始，是巴楚地区最早的茶产地之一，有“百里茶园沟”之称，是“茶马古道”发源地之一。公司于2012年创建了深圳全国营销中心。公司自有和联营的万亩茶叶基地辐射湖北赤壁、襄阳谷城、福建安溪两省三市。旗下拥有“羊楼洞”老青茶、“羊楼松峰”绿茶、赤壁红茶、青茶四大主要茶系；产品先后荣获全国知名品牌农产品、省部双优产品、全国名优茶、湖北首届十大名茶、湖北省著名商标、中国黑茶品牌金芽奖。公司还荣获十佳龙头企业、守合同重信用单位等荣誉称号，并评选为2011年全国两会会议用茶厂商。羊楼洞茶业有限公司以弘扬羊楼洞千年茶文化，诚信服务为发展理念，秉承“兴茶利民”的企业核心价值观，以“传承茶经典、弘扬茶文化、缔造茶品牌”为经营理念，以湖北赤壁产业园和深圳全球营销中心为两大支点，羊楼洞茶业有限公司迅速占领全国市场，致力打造成为中国黑茶巨头和中国最大的茶生态旅游文化产业园。目前，公司已在湖北赤壁、北京开设多家羊楼洞品牌旗舰店及茶楼；上海、武汉、广州和深圳的旗舰店正在筹建中，逐步形成辐射全国的销售网络，将“羊楼洞”品牌不断发展壮大！

产地简介：羊楼洞茶文化生态产业园占地1820亩，由羊楼洞茶业有限公司斥资10亿元，以“盛世兴茶、兴茶利民”为使命，以“全茶产业产品开发＋茶文化旅游”为核心，打造国内茶产业开发和茶文化旅游开发的全新发展模式。羊楼洞茶生态文化产业园计划打造为国内茶文化深度体验旅游目的地、湖北省茶产业提升和茶文化旅游开发的新亮点，以及赤壁茶产业品牌和文化旅游的重点项目。项目依托茶园自然生态景观，以汉文化体系、三国赤壁文化体系、羊楼洞茶马古道文化体系和茶产业园旅游文化体系为背景开发，建成“种茶、制茶、品茶、赏茶、买茶”为一体的现代化茶文化产业园。该项目被列为赤壁市“十二五”规划农业类重点项目，计划建设成为国家4A级景区，成为湖北省内乃至全国最大的生态茶产业文化旅游基地。羊楼洞茶生态文化产业园的建成，将整体拉动本地的茶业资源优势，带动整个地区茶产业链的发展；通过3~4年的发展实现茶系列产品年产量14500吨，年产值8亿元，企业直接就业人口3万人；拥有核心茶园基地5万亩，公司加农户控制茶园15万亩，辐射带动茶农兴茶致富近100万人。

产品年度简介：千古名镇500g老青砖茶以鄂南山区优质老青茶为原料，按传统工艺精制加工而成，呈方砖型，不含任何添加剂。观之色泽黑褐，嗅之香气幽长，散发着大自然的气息，令人神清气爽；冲泡时，茶叶在水的冲击下，充分绽放，汤色橙红，口感醇厚；且多次冲泡后，依然细腻醇厚，回味隽永。老青茶砖表面压制了羊楼洞品牌标志，独家正品，工艺精致；外包装为精致纸盒，是待客自享佳品。

品称：千古名镇 (122036)
类别：黑茶
规格：250g/ 盒
净含量：250g
原料产地：湖北省赤壁市羊洞楼茶文化生态产业园
茶叶配料：优质湖北老青茶
统一市场零售价：53.00 元

品称：千古名镇（一号）
类别：黑茶
规格：500g/ 盒
净含量：500g
原料产地：湖北省赤壁市羊洞楼茶文化生态产业园
茶叶配料：优质湖北老青茶
统一市场零售价：99.00 元

冲泡方法：
用高温水冲泡。黑茶虽比较温和耐浸，但忌长时间浸泡，否则苦涩味重。如冲法得宜，则茶汤清澈，茶味醇厚。宜用紫砂茶具冲泡，建议冲泡法如下：
1. 分 量：置放相对于茶壶 2/5 的茶量；
2. 水 温：100℃；
3. 浸泡时间：约 10 秒至 30 秒；
4. 冲泡次数：约 10 次。
如品饮者喜爱喝较浓的茶，可将茶叶量增加或将浸泡时间加长。相反，如喜爱较淡的，可减少茶叶量或减短浸泡时间。

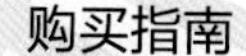

实体店购买：品牌专卖店或茶百科实体店。
网络购买：shop.chabaike.cn 或品牌官方网站。
电话购买：茶百科服务热线 400-606-6060

感德龙馨　　福建龙馨茶业有限公司

企业文化：感德龙馨名茶创办于 1985 年，公司总部坐落于福建省安溪县。这里峰峦叠翠、风景秀丽； 交通便利、人文荟萃。多年来，公司坚守“用心创造生活，实现永续价值”的承诺，秉承“专家品质，挟百年雄风” 的经营理念，坚持以质量取胜，在老一代茶人的精心引导下，新一代茶人正踏着坚实的步子走向成熟。龙馨系列产品以其芬芳扑鼻，馥郁持久，回甘带密，韵味无穷，尽显独特的观音韵的臻品铁观音领先于同行业，经销网络遍及全国。20 多年磨一剑，龙馨人凭藉多年的制茶经验，融合其精髓在这臻品铁观音之中，引入行业高级管理人才，造就了成熟严密务实的管理风格，具有强大的容纳性和适应性。汇集了一批 专业、敬业、稳定的优秀技术管理人才和高素质的员工队伍。使 “感德龙馨”的臻品铁观音店在不同地区落地生根。展望未来，龙馨人将以更高的姿态向世人展示其独特的魅力。 企业愿景：以品质提升价值，做中国最受信赖的茶叶企业；以卓越的品质提升产品价值、 企业价值，从而赢得社会的信赖，既是我们坚守的信条，也是我们事业的目标。卓越的品质，不仅仅是茶叶产品的优异质量还包括到位的服务、高尚的生活品位。

产地简介：公司总部位于福建省安溪县城东开发区，是一家集绿色生态茶叶、茶具、茶食品等相关产品的生产、加工、销售 及多功能商务会所服务为一体的股份有限公司。

产品年度简介：红茶鼻祖品味之源。外形：条索肥壮，紧结圆直；色泽：乌润；香气：高长带松烟香；滋味：滋味醇厚，带有桂圆汤味；汤色：红浓明亮；叶底：红亮多嫩茎醇香型红茶 。

品称：正山小种 1200
类别：红茶
规格：240g/ 盒
净含量：240g
原料产地：福建武夷山
统一市场零售价：600.00 元

品称：正山小种 2000
类别：红茶
规格：240g/ 盒
净含量：240g
原料产地：福建武夷山
统一市场零售价：1000.00 元

冲泡方法：

1. 清饮法

根据瓷壶的容量投入适量茶叶，注入开水（冲泡后的茶汤要求汤色红艳为宜，水温以 70~80℃为宜，头几次冲泡使用刚烧开的沸水可能出现酸味），冲泡时间一般为头 2 泡出水时间为 5 秒钟，3 泡后出水时间可视泡数增加以及口味而适当延长。不宜浸泡过久，合适的浸泡时间不仅茶汤滋味宜人，还可增加耐泡次数。

2. 调饮法

在红茶中加入辅料，以佐汤味的饮法称之为调饮法。调饮红茶可用的辅料极为丰富，如牛奶、糖、柠檬汁、蜂蜜甚至香槟酒进行调配。调出的饮品多姿多彩，风味各异，深受现代各层次消费者的青睐。器具：瓷壶一把（咖啡器具也可）、高壁玻璃杯数个，高柄汤匙与高壁玻璃杯同量，过滤网一把。具体操作：

①根据瓷壶的容量投入适量茶叶，注入开水，冲泡水温、时间与清饮法同。

②往高壁玻璃杯中投入方状冰块，投放冰块时要将冰块不规则地投入，投放的冰块量要求与高壁玻璃杯口齐平。

③根据客人的口感投入适量的糖浆，不加入糖浆也可。

④待茶冲泡五分钟后，将过滤网置于茶杯上方，而后快速将茶水注入茶杯中（此时注入茶水一定要急冲入杯中，否则在茶杯上方会出现白色泡沫，会影响冰红茶的美观）。根据条件允许可切上两片柠檬镶在杯口。

购买指南

实体店购买：品牌专卖店或茶百科实体店。
网络购买：shop.chabaike.cn 或品牌官方网站。
电话购买：茶百科服务热线 400-606-6060

华祥苑　　华祥苑茶业股份有限公司

企业文化：华祥苑茶业股份有限公司视品质为企业的命脉，坚持走纯正、高雅的铁观音路线，专注于文化、品质、服务的一体化经营，十多年的发展历程已占据国内最高端茗茶市场。2008年添加英国安德鲁王子茶“英伦风尚”、星级特贡茶王“皇家礼茶”与顶极原生态“有机私房茶”三大新锐品牌。2009年五大品牌协手出击，在业界具有不可逾越的品牌高度和竞争优势。加盟商通过加盟华祥苑特许经营体系，即可获得业界最高端的品牌形象支持。

产地简介：华祥苑创立于2001年，是集种植、生产、加工、销售为一体的综合性企业。公司拥有安溪铁观音种植基地近5000亩，信阳毛尖种植基地3700亩，近3万平方米国内最现代化加工基地，全面通过ISO9001国际质量管理体系和国家食品质量安全QS认证，融肖氏百年传统技艺和现代技术于一身，成为茶产业的领军企业。公司十多年来共荣获行业、省级与国家级重大荣誉60多项，包括福建省名牌农产品、省品牌农业企业金奖、省著名商标等。2008年入选奥林匹克博览会，特制中国顶级茶叶——英伦风尚礼赠英国皇室安德鲁王子，并且在各类国际茶文化会上屡获“茶王”称号。华祥苑茗茶在全国发展独具特色，华祥苑的茶叶专卖店500多家，网络覆盖国内各大省市，产品远销海内外。华祥苑人经过十多年的发展已形成多元化经营格局，旗下拥有北京华祥茗苑茶业有限公司、安溪华祥苑有机茶园有限公司、福州华祥苑茶业有限公司等全资子公司。

产品年度简介：华祥苑铁观音以世代相传的秘诀专制，以保留香气为主，中午杀青，初制阶段轻火烘焙。制成后色泽鲜润，“美如观音重如铁”；冲泡展开后叶底肥厚明亮，具绸面光泽；启盖轻闻，香气如兰，清高隽永，令人心旷神怡；汤水柔顺，滋味鲜爽，细啜一口，舌根轻转，可感齿颊酸软，回甘无穷。

品称：宫廷铁观音礼盒
类别：乌龙茶
规格：250g
净含量：250g
原料产地：福建厦门
茶叶配料：安溪铁观音
统一市场零售价：1000.00 元

品称：醇天然铁观音礼盒
类别：乌龙茶
规格：50g*5
净含量：250g
原料产地：福建厦门
茶叶配料：安溪铁观音
统一市场零售价：500.00 元

品称：月兮铁观音礼盒
类别：乌龙茶
规格：250g（50g*5）/ 盒
净含量：250g
原料产地：福建厦门
茶叶配料：安溪铁观音
统一市场零售价：250.00 元

品称：珍藏版铁观音礼盒
类别：乌龙茶
规格：150g/ 盒
净含量：150g
原料产地：福建厦门
茶叶配料：安溪铁观音
统一市场零售价：2832.00 元

品称：金凤凰 1000 铁观音礼盒
类别：乌龙茶
规格：250g（50g*5）/ 盒
净含量：250g
原料产地：福建厦门
茶叶配料：安溪铁观音
统一市场零售价：500.00 元

冲泡方法：

铁观音的品饮仍沿袭传统的“工夫茶”品饮方式。用陶制小壶、白瓷、宜兴紫砂壶为佳。

1. 百鹤沐浴（洗杯）：用开水洗净茶具；
2. 观音入宫（落茶）：把铁观 音放入茶具，放茶量约占茶具容量的 1/5；
3. 悬壶高冲（冲茶）：把滚开的水提高冲入茶壶或盖瓯，使茶叶转动；
4. 春风拂面（刮沫）：用壶盖或瓯盖轻轻刮去漂浮的白泡沫，使其清新洁净；
5. 关公巡城（倒茶）：把泡 10-30 秒后的茶水依次巡回注入并列的茶杯里；
6. 韩信点兵（点茶）：茶水倒到少许时要一点一点均匀地滴到各茶杯里；
7. 鉴赏汤色（看茶）：观赏杯中茶水的颜色；
8. 品啜甘霖（喝茶）：趁热细啜，先嗅其香，后尝其味，边啜边嗅，浅斟细饮。饮量虽不多，但能齿颊留香，喉底回甘，心旷神怡，别有情趣；确乃一种生活艺术享受。

购买指南

实体店购买：品牌专卖店或茶百科实体店。
网络购买：shop.chabaike.cn 或品牌官方网站。
电话购买：茶百科服务热线 400-606-6060

荟茗堂　　荟茗雅堂有机茶业（北京）有限公司

企业文化：金奖品质，千年一味。FAVOTEA 起源自惠明茶。惠明茶始于唐代，唐咸通二年（861 年），惠明法师在浙江景宁建立了惠明寺，在寺周围海拔 600~800 米的山地上栽植茶树，所产茶叶即称“惠明茶”；明成化十八年（1482 年）开始，惠明茶列为贡品；1915 年在美国旧金山举办的万国博览会上，惠明茶因品质超群荣获金质奖章，自此“金奖惠明”驰名中外。惠明茶具有“回味甜醇，浓而不苦，滋味鲜爽，耐于冲泡，香气持久”等特点，是中国名茶中的珍品。2005 年，惠明茶入选“国务院特供茶”；2010 年，惠明茶再次荣获上海世博会名茶评比绿茶类金奖。

产地简介：严选原产地：FAVOTEA 的产品全部来自位于浙江、福建、安徽、江西、广东、广西、云南、贵州、四川的有机茶叶基地，皆为国家地理保护标识的茶叶原产区。FAVOTEA 有机茶基地环境独立，周边没有任何污染源；土壤环境质量符合 GB15618-1995 标准，茶园灌溉用水符合 GB5084-2005 的规定；环境空气质量符合 GB/T 3095-1996 标准和 GB 9137-1988 的规定；基地具有良好的种植历史，同时具有国内同类产品的地理种植优势，在纬度、光照、品种等条件上都得天独厚。自然至上：FAVOTEA 有机茶全部产自云雾缭绕、日光充足、雨水丰富、温度适宜、空气洁净的高海拔茶叶种植园。茶园远离污染，完全依循严苛的有机标准种植，无农药、无激素、无化肥，符合国际有机农业运动联合会（IFOAM）标准。我们耐心等待茶树自由呼吸，自然生长，茶叶光照周期长，含有更丰富的铁、镁、钙等微量元素、矿物质及维生素，营养又醇香。茶韵天成：每一个精心耕作的有机茶园，都是 FAVOTEA 自己的家园，我们真诚地对待它，细心照料它，用自然生态农法栽植，甘甜活泉灌溉，有机肥料施肥，生态除虫除草，让茶园维持在最自然原始的状态，本着尊重生态平衡、和谐共生的概念，形成最符合自然生态的循环体系，确保每一片茶叶都无比纯净和清新。每一季的新叶，都是最真实的自然律动。

产品年度简介：惠明茶具有“回味甜醇，浓而不苦，滋味鲜爽，耐于冲泡，香气持久”等特点，是中国名茶中的珍品。2005 年，惠明茶入选“国务院特供茶”；2010 年，惠明茶再次荣获上海世博会名茶评比绿茶类金奖。

品称：荟茗堂天成红茶
类别：红茶
规格：120g/ 盒
净含量：120g
原料产地：浙江丽水
茶叶配料：红茶
统一市场零售价：198.00 元

品称：荟茗堂天香红茶
类别：红茶
规格：60g/ 盒
净含量：60g
原料产地：浙江丽水
茶叶配料：红茶
统一市场零售价：239.00 元

冲泡方法：

1. 清饮法

根据瓷壶的容量投入适量茶叶，注入开水（冲泡后的茶汤要求汤色红艳为宜，水温以 70~80℃为宜，头几次冲泡使用刚烧开的沸水可能出现酸味），冲泡时间一般为头 2 泡出水时间为 5 秒钟，3 泡后出水时间可视泡数增加以及口味而适当延长。不宜浸泡过久，合适的浸泡时间不仅茶汤滋味宜人，还可增加耐泡次数。

2. 调饮法

在红茶中加入辅料，以佐汤味的饮法称之为调饮法。调饮红茶可用的辅料极为丰富，如牛奶、糖、柠檬汁、蜂蜜甚至香槟酒进行调配。调出的饮品多姿多彩，风味各异，深受现代各层次消费者的青睐。器具：瓷壶一把（咖啡器具也可）、高壁玻璃杯数个，高柄汤匙与高壁玻璃杯同量，过滤网一把。具体操作：

①根据瓷壶的容量投入适量茶叶，注入开水，冲泡水温、时间、与清饮法同。

②往高壁玻璃杯中投入方状冰块，投放冰块时要将冰块不规则地投入，投放的冰块量要求与高壁玻璃杯口齐平。

③根据客人的口感投入适量的糖浆，不加入糖浆也可。

④待茶冲泡五分钟后，将过滤网置于茶杯上方，而后快速将茶水注入茶杯中（此时注入茶水一定要急冲入杯中，否则在茶杯上方会出现白色泡沫，会影响冰红茶的美观）。根据条件允许可切上两片柠檬镶在杯口。

购买指南

实体店购买：品牌专卖店或茶百科实体店。
网络购买：shop.chabaike.cn 或品牌官方网站。
电话购买：茶百科服务热线 400-606-6060

溯茗源

福建省溯源茶业有限公司

企业文化：溯茗源，历史悠久。其制茶坊的前身——崇墉永峙楼，可追溯到清初顺治三年（1646年），也称龙通土楼，现为泉州市市级文物。因土楼正大门上方挂有一黑色金字匾额，题写“崇墉永峙”四字，落款为“甲申年”，故此得名，距今已有370年历史。溯茗源，从小到大。1949年解放初期，成立了龙通茶叶生产小组；1980年，成立了福建省安溪县感德乡龙通村茶叶精制厂；1990年改为福建省安溪县感德镇溯茗源茶厂；2000年成立福建省安溪县溯源茶厂；2002年成立福建省溯源茶业有限公司。因坚持走市场化道路，公司得以不断发展壮大。溯茗源，得天独厚。“安溪茶谱”有载：借问观音何处有？茶师遥指龙通村！溯源茶厂坐落在福建省安溪县感德镇北部龙通村，是安溪县最极品的铁观音生产地，产自该村的铁观音，香气纯正、平和，回味淡雅、悠长，是乌龙茶中的上品。溯茗源茶业（北京店）成立于2002年，在全国各地开有多家分店，经营规模逐年扩大，长期以来公司本着“诚信经营，注重信誉”的经营理念不断向前发展。溯茗源茶业旗下主要机构有：安溪溯源茶厂、安溪峰之木茶叶专业合作社、溯茗源（北京）总部、溯茗源（廊坊）培训中心；拥有溯茗源、峰之木、龙通、崇墉永峙四大品牌。立足得天独厚的资源优势，围绕加快农业和农村经济发展政策，安溪县制定了茶产业化发展战略，走出了一条极富特色的农业产业化经营道路。溯茗源作为当地的“茶业名片”，将秉承传统的制茶工艺，以峰之木茶叶专业合作社（安溪十佳）为纽带，集公司之智慧结晶，努力弘扬安溪铁观音正本溯源、传承古今的企业文化，让有缘人充分享受溯茗源铁观音的正、本、源，为世人的健康祈福。

产地简介：感德镇是中国茶业第一镇，位于安溪县西北部的太华山麓，龙通村更是偏安一隅，在层层大山的包裹中，静静地沉睡在感德东北部的莲花山下。龙通村主峰莲花峰海拔1099.1米，拥有山林地45300亩；这里群山环抱，峰峦叠翠，甘泉潺流，四季分明，昼夜温差大。更难得的是，虽然近海，却有崇山峻岭相阻隔，不受海风侵扰。茶区终年云雾缭绕，空气清新。当地民谚道：“四季有花常见雨，严冬无雪有雷声”，气候条件可谓得天独厚；群山环抱，土质大都是红壤、并呈弱酸性，非常适宜于茶的生长，可谓得地之灵气。丘陵地貌、红色土壤、亚热带气候，使安溪成为全国最大的乌龙茶生产基地。独特的生态环境，为溯茗源铁观音的生长和优异品质的形成提供了优越的条件，也为溯茗源的发展提供了最坚实有力的保障。溯茗源在2005年率先通过国家QS认证，现溯源茶厂有生态茶园3300亩，年产铁观音26万多斤，首期2000亩高标准有机茶园在2012年全面通过认证，并获福建省著名商标称号。其制茶技术和茶叶品质，均严格遵循GB/T 19630-2011国家有机产品标准，生产的有机铁观音按SGS规范流程检测，达到欧盟食品标准。

产品年度简介：有机产品是溯茗源精心打造的一个重点产品系列，是溯茗源对“正、本、源”追求的体现。从2008年开始，溯茗源投入重金和热情，聘请有机专家，对公司最好茶园进行有机合规改造。2012年6月8日获得有机认证后，随即在秋天推出“缘”系列有机铁观音。缘系列分清香、浓香两类，分别是“天地日月、心随尘悟”8个产品，以满足消费者高、中、低多个层次、多种口味的需求。其中，缘·清香系列，有“天、地、日、月”4个产品。铁观音茶，产于福建省安溪县，发明于1725—1735年，属于乌龙茶类，是中国十大名茶之一。介于绿茶和红茶之间，属于半发酵茶类，铁观音独具“观音韵”，清香雅韵，香高味醇，具有保健、美容、醒脑的功效。

品称：天缘礼盒
类别：乌龙茶
规格：252g（7g*36）/ 盒
净含量：252g
原料产地：福建省泉州市安溪县
茶叶配料：有机铁观音
统一市场零售价：10000.00 元

品称：地缘礼盒
类别：乌龙茶
规格：252g（7g*36）/ 盒
净含量：252g
原料产地：福建省泉州市安溪县
茶叶配料：有机铁观音
统一市场零售价：3000.00 元

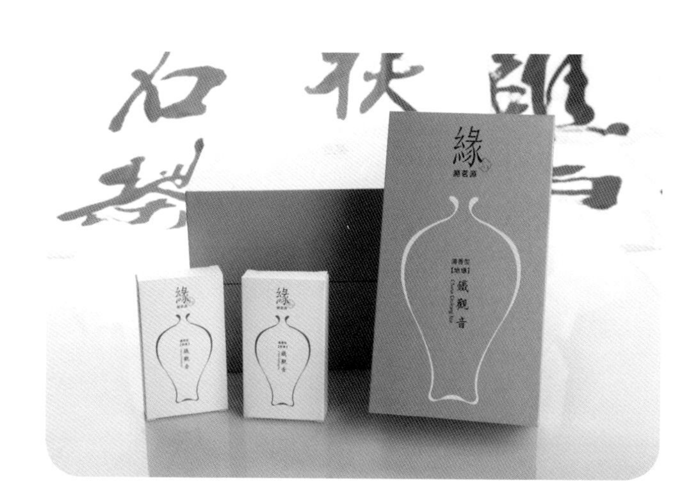

冲泡方法：

铁观音的品饮仍沿袭传统的“工夫茶”品饮方式。用陶制小壶、白瓷、宜兴紫砂壶为佳。

1. 百鹤沐浴（洗杯）：用开水洗净茶具；
2. 观音入宫（落茶）：把铁观 音放入茶具，放茶量约占茶具容量的 1/5；
3. 悬壶高冲（冲茶）：把滚开的水提高冲入茶壶或盖瓯，使茶叶转动；
4. 春风拂面（刮沫）：用壶盖或瓯盖轻轻刮去漂浮的白泡沫，使其清新洁净；
5. 关公巡城（倒茶）：把泡 10-30 秒后的茶水依次巡回注入并列的茶杯里；
6. 韩信点兵（点茶）：茶水倒到少许时要一点一点均匀地滴到各茶杯里；
7. 鉴赏汤色（看茶）：观赏杯中茶水的颜色；
8. 品啜甘霖（喝茶）：趁热细啜，先嗅其香，后尝其味，边啜边嗅，浅斟细饮。饮量虽不多，但能齿颊留香，喉底回甘，心旷神怡，别有情趣；确乃一种生活艺术享受。

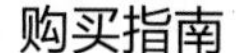

购买指南

实体店购买：品牌专卖店或茶百科实体店。
网络购买：shop.chabaike.cn 或品牌官方网站。
电话购买：茶百科服务热线 400-606-6060

茗腾

厦门茗腾茶叶有限公司

企业文化：茗腾茶叶有限公司成立于 1993 年，是一家以铁观音为主的茶叶生产企业。茗腾茶叶集茶叶自产、自制、自销于一体，并在茗茶之乡——安溪海拔 800 米以上的高山上，拥有 2000 多亩茶叶生产基地，公司扩建大型现代化茶叶加工工厂，引进先进的茶叶加工设备及经验丰富的技术人员，对茶叶的生产加工进行精工细作及严格的品质管控，所产茗腾茶叶香气独特、馥郁持久、回味悠长。茗腾从健康的角度出发，提出了"一日三茶"的全新理念，开发了系列新品，关注人们的健康生活。此外，茗腾茶叶独有现代感十足，东情西韵的包装、门店风格，更建立起有别于茶叶同行的时尚品牌个性，深得消费者喜爱。在积极进行渠道拓展的同时，茗腾茶叶凭借良好的企业信誉、形象，与汇丰银行、中国银行、建发集团、信达免税、宝马、奔驰、南方周末、写字楼等企业都结成了长期的合作伙伴关系。作为国家大剧院的茶叶合作企业，茗腾茶叶致力于推广中国茶文化，提升其时尚、艺术的茶文化理念。致力打造中国茶行业时尚、高端品牌！

产地简介：茗腾公司在名茶之乡安溪感德海拔 800 米以上的高山上，拥有 2000 多亩的茶叶生产基地。这种天然的地理位置和宜于茶叶生产的独特气候，为茗腾茶叶的生产提供了得天独厚的环境。与此同时，公司以中国茶叶不可缺失的传统工艺流程为基础，结合现代化茶叶加工的技术设备，培养经验丰富的技术管理与研发人员，对茶叶的生产、加工实行严格的品质监控，保证产品输出的稳定性与优质性。

产品年度简介：铁观音，鲜浓味醇，明目清心。索肥壮团结重实，茶叶色泽乌润，独特蜜兰香气浓郁，“音韵”十足，香高而持久，七泡仍有余香。“梅·铁观音”是一日三茶系列“梅兰芳”的产品。产品概念源自国家大剧院，直接使用中国戏剧代表——京剧大师梅兰芳为名。精选安溪高海拔原生态茶树，以传统手工工艺为基础结合现代化科技技术，使茶叶保持最醇正的观音韵。

品称：梅·铁观音礼盒
类别：乌龙茶
规格：300g（36 泡）/ 盒
净含量：300g
原料产地：福建厦门
茶叶配料：铁观音
统一市场零售价：1080.00 元

品称：兰·大红袍礼盒
类别：乌龙茶
规格：300g（36 泡）/ 盒
净含量：300g
原料产地：福建厦门
茶叶配料：大红袍
统一市场零售价：1080.00 元

冲泡方法：

铁观音的品饮仍沿袭传统的“工夫茶”品饮方式。用陶制小壶、白瓷、宜兴紫砂壶为佳。

1. 百鹤沐浴（洗杯）：用开水洗净茶具；
2. 观音入宫（落茶）：把铁观 音放入茶具，放茶量约占茶具容量的 1/5；
3. 悬壶高冲（冲茶）：把滚开的水提高冲入茶壶或盖瓯，使茶叶转动；
4. 春风拂面（刮沫）：用壶盖或瓯盖轻轻刮去漂浮的白泡沫，使其清新洁净；
5. 关公巡城（倒茶）：把泡 10–30 秒后的茶水依次巡回注入并列的茶杯里；
6. 韩信点兵（点茶）：茶水倒到少许时要一点一点均匀地滴到各茶杯里；
7. 鉴赏汤色（看茶）：观赏杯中茶水的颜色；
8. 品啜甘霖（喝茶）：趁热细啜，先嗅其香，后尝其味，边啜边嗅，浅斟细饮。饮量虽不多，但能齿颊留香，喉底回甘，心旷神怡，别有情趣；确乃一种生活艺术享受。

华福名茶

福建省安溪县华福茶厂有限公司

企业文化：口福 心福，尽在华福！福建省安溪县华福茶厂有限公司，创立于1993年，在总经理高金典的带领下，华福名茶已从单一的茶叶加工厂发展成为位列安溪前茅的集生产、加工、销售和茶文化传播为一体的专家级铁观音制造商，拥有先进的加工设备和一流的技术人才，年茶叶加工能力达1000多吨，拥有80多家直营店和加盟店。如今，华福名茶获得了福建省著名商标、中国著名品牌、中茶协“放心茶推荐品牌”、安溪铁观音十佳品牌等29多项荣誉，是安溪铁观音国家标准起草单位之一。在“人生有品、生活有味、华福有礼”的全新理念指导下，成立“华福名茶品牌全国推广营销中心”并启动“金典创业”全国招商加盟计划，对华福名茶现有的各种资源进行全新整合改造，包括总部形象店的塑造、网站全面升级改版、实施“金典创业”计划等，把“人生有品、生活有味、华福有礼”这一理念贯穿到华福名茶的品牌当中，把总经理高金典的创业精神和理念及安溪茶文化精髓输出到华福名茶的销售终端，为客户带来金质生活，为加盟商提供创业宝典，开创华福名茶事业发展的新局面。

产地简介：华福名茶始终追求“品质零缺陷”的境界，严格按照国家食品质量安全市场准入（QS）制度的要求和ISO 9001：2000国际质量管理体系进行严格规范管理，不断完善质量管理体系、计量检测体系和产品检测体系，确保茶叶的质量和安全。无论是茶叶的内在品质，还是外在包装，都努力做到精益求精，不断超越自己，超越别人，在原料选择方面，首选自有茶园并定点选购高山无污染的优质毛茶，引进先进的加工设备，严格加工场地卫生水平，对茶叶的筛分、拣剔、拼配、烘焙、包装实行标准化操作，各个环节都制定了具体的操作规程和技术要领，严格按照操作规程进行作业。同时，制定完善产品质量可追溯制度，一旦出现质量问题，及时进行追溯和纠正，从而在全厂形成“人人关心质量问题，全员参与质量管理”的工作机制和良好氛围。2003年起，通过ISO9001：2000国际质量管理体系和产品质量“双认证”，并于2005年一次性通过QS认证。

产品年度简介：“红芽芯”指的是正枞铁观音的最顶端的幼芽是红色的，即是“王说”里所说的“圆叶红心”，它是安溪铁观音茶树的明显标志之一，如今，她是华福名茶高档安溪铁观音的标志，已由华福名茶申请注册商标，受国家法律保护。

品称：红芽芯清香 2000
类别：乌龙茶
规格：50g*5 盒
净含量：250g
原料产地：福建安溪
茶叶配料：安溪铁观音
统一市场零售价：1000.00 元

品称：兰翡翠 .800
类别：乌龙茶
规格：125g*4 盒
净含量：500g
原料产地：福建安溪
茶叶配料：安溪铁观音
统一市场零售价：800.00 元

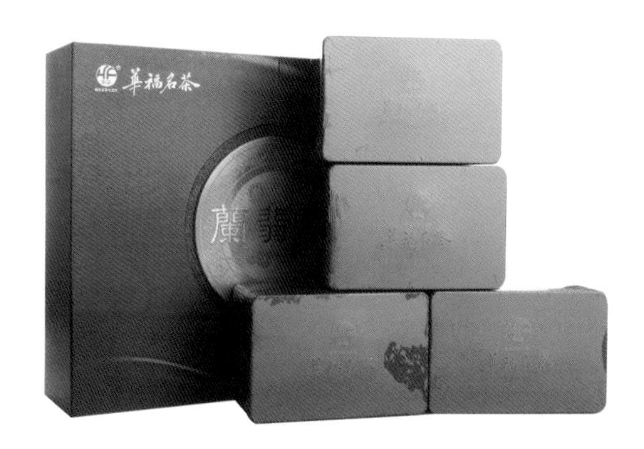

冲泡方法：

茶具可用盖碗或紫砂壶，取一小包干茶，用 100℃的沸水冲泡。第一泡一般为洗茶，不饮用，加水后立即倒掉。而后几泡时间随个人口味而定，一般能冲泡 7、8 次以上，其中以第 2、3 泡香气最佳；铁观音适宜热饮，冷后一般口感没有热的好喝，并可能会有一点点苦涩味。如在办公室用玻璃杯等品饮铁观音时，请按个人口感放置适量茶叶，比正式功夫茶具泡出的口感、香气相对会差一些。宜用山泉水、矿泉水或纯净水冲泡，泡饮效果最佳。

购买指南

实体店购买：品牌专卖店或茶百科实体店。
网络购买：shop.chabaike.cn 或品牌官方网站。
电话购买：茶百科服务热线 400-606-6060

六百里

黄山六百里猴魁茶业有限公司

企业文化：太平猴魁——中国名茶之翘楚，始于清朝年间，产于猴坑阴山，万国博览会夺金，“猴韵”蜚声中外。成茶两叶抱芽、形扁挺直、肥壮厚实、色泽苍绿、汤色清澈、味醇甘甜、兰香袭齿。 公司概况：安徽省农业产业化龙头企业——黄山六百里猴魁茶业有限公司成立于1998年。十年磨砺，初有成效，在太平猴魁核心产区猴村等地建立了自主产权精品太平猴魁基地1400余亩，另有直接辐射、帮扶基地6000多亩；“订单茶业”连接猴魁核心产区450户茶农；“黄山区三合村猴魁茶专业合作社”应运而生，120户猴魁茶农、几十家猴魁茶庄和上百家形象店及专柜合作共营；搭建了科技支撑平台——“黄山区太平猴魁茶业技术研发中心”和“安徽农业大学产学研基地”；素质、技术、经验、责任是六百里队伍的精髓，茶季，采制工人近四百人，固定员工四十余人，其中高级职称3人，本科学历4人。2008年，公司拥有资产5000余万元，总产2.6万公斤，营销总额6000余万元。

产地简介：猴村基地拥有茶园300余亩，全部为猴魁茶最佳品系柿大茶树，茶园四周绿树环绕，树林中兰花丛丛，春吐芳香，所以太平猴魁茶属兰花香型；茶园中梯地成行，梯梯之间以水泥或鹅卵石砌成的梯道相连；茶园的顶端设有3个水池，旱季可以通过管道自流灌溉。大坪基地拥有茶园600余亩，分为“天台”、“萝卜沟”等四片，弯曲的山道和连绵的森林把四片茶园环抱相连，淙淙山泉穿越其中，置身云海上的天台茶园可远眺长江。原始生态孕成大坪基地的茶叶透出淡淡的牛奶香味。

产品年度简介：天赋灵犀，毓秀佳茗，珍稀之品，出于上天眷顾，在离天更近的地方，是至高的荣耀。每年谷雨前，六百里自有茶园10%的茶芽，一芽三叶初展时，正是六百里“天赋”猴魁茶开园采摘第一道茗香之时。此时之茶，大小匀齐，芽叶魁实，冲泡于杯，芽叶成朵，尤胜它时。

品称：天赋
类别：绿茶
规格：4 听 *50g
净含量：200g
原料产地：安徽省黄山市
茶叶配料：黄山柿大茶种鲜叶
统一市场零售价：3220.00 元

品称：茶王
类别：绿茶
规格：20 包 *5g
净含量：100g
原料产地：安徽省黄山市
茶叶配料：黄山柿大茶种鲜叶
统一市场零售价：2700.00 元

冲泡方法：

1. 茶具：玻璃杯可观赏到茶汤色泽和茶叶沉浮、移动、舒展的变化，所以以普通玻璃杯为好。
2. 茶和水的比例：一般为 1:50，即 1 克茶 50 毫升水，250 毫升的茶杯约放 5 克茶叶。冲泡时，先冲上 1/3 杯开水，少顷再冲至七、八成满。
3. 冲泡水温：90℃左右开水较为适宜。
4. 冲泡时间：冲泡 3 分钟左右即可获得最佳味感。
5. 冲泡次数：一般 3–5 次即可。

购买指南

实体店购买：品牌专卖店或茶百科实体店。
网络购买：shop.chabaike.cn 或品牌官方网站。
电话购买：茶百科服务热线 400-606-6060

美食加

安徽未来农业发展有限公司

企业文化：美食加品牌来自美丽富饶的大别山区，是安徽未来农业发展有限公司主导型中高端木本植物油品牌，安徽未来农业发展公司自 2008 年创立以来一直以大别山区丰富的油茶资源为本，坚持走“公司 + 基地 + 农户”的农业产业化道路，拥有先进的设备，完善的体制，产品热销到北京、上海，深受广大消费者的喜爱。油茶树别名：茶籽树、茶油树、白花茶，油茶树属于山茶科多年生常绿小乔木，耐瘠薄，适宜在适当的野外区生长，是我国主要的木本油料树，也是地球上优质的木本类植物油资源，被誉为“东方橄榄”。油茶树至少要 5 年以上生长才能开花结果。油茶果从开花到果实成熟须经秋、冬、春、夏、秋五季，常年郁郁葱葱，饱受阳光雨露，云雾雪霜，吸尽天地灵气，日月精华，故民间有“包子怀胎”之说，堪称“人间奇果”。

产地简介：大别山土地湿润，气候宜人，十分适应油茶树的生长，所结的油茶果丰硕饱满，色泽光鲜，压榨出的茶油口感纯正，营养价值高，是我国为数不多的油茶产区。

产品年度简介：美食加生态礼是美食加野山茶籽油针对高端人群商务、单位福利及节假日礼品而研发的一款产品，该产品的原料是精选美食加大别山腹地海拔 600 米以上纯天然野生有机油茶籽，经过现代化设备低温物理压榨，精炼野山油茶籽的第一道油品。

品称：美食加野山茶籽油生态礼盒
类别：茶油
规格：500ml*2
净含量：1000ml
原料产地：安徽岳西
茶叶配料：天然野生油茶籽
统一市场零售价：528.00 元

品称：美食加野山茶籽油吉祥礼盒
类别：茶油
规格：500ml*2
净含量：1000ml
原料产地：安徽岳西
茶叶配料：天然野生油茶籽
统一市场零售价：528.00 元

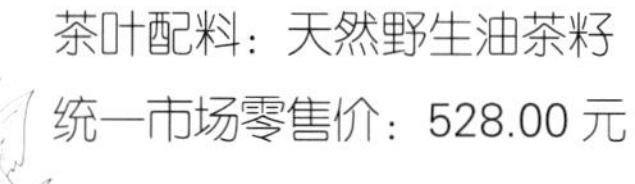

购买指南

实体店购买：品牌专卖店或茶百科实体店。
网络购买：shop.chabaike.cn 或品牌官方网站。
电话购买：茶百科服务热线 400-606-6060

新安源

新安源 黄山市新安源有机茶开发有限公司

企业文化：黄山市新安源有机茶开发有限公司创建于1998年，是一家集茶叶生产加工、收购、销售、科研为一体的省级龙头企业，位列中国茶叶企业百强。公司建有出口备案茶园基地25000亩，是拥有安徽省乃至全国最大的国际有机茶颁证面积的企业，是中国有机绿茶在欧盟茶叶市场最大的供货商，更是唯一一家基地茶农受到德国客户数十万欧元年馈赠的产品信得过企业。“新安源有机茶”为中国驰名商标。新安源牌有机绿茶为安徽省名牌产品，公司目前主要茶产品有：有机银毫、黄山毛峰、有机高绿、松萝茶、珍眉等，畅销国内大中城市及欧盟地区，其中“新安源”牌有机银毫、黄山毛峰在国内外评比中屡获金奖。“新安源”牌有机茶在2005年被农业部首推为2008年北京奥运会推荐用茶，同时也是2010年上海世博会安徽省代表团唯一指定用茶。

产地简介：青山绿水、蓝天白云，古木参天，空气清新，绝佳生态环境“孕育”着新安源这处天然生态氧吧。新安源目前的森林覆盖率达90%，空气负离子含量每平方厘米达1万个以上，在全国也是不多见的。这里不仅有华东地区面积最大、树种最多、树龄最长的水口林，还有100棵国家一级保护、500年以上的古树，其中堪为国内罕见的一对姊妹枫香树已寿逾1500年。高山峡谷酿好水，新安源里产好茶。泡上一杯用六股尖山泉水煮开的下午茶，幽幽茶香浮上鼻端，轻轻地呷上一口，回味甘甜，唇齿留香。疲惫的心境顿时随着茶香袅绕下松弛许多。主人称，新安源有机茶是从来不喷洒农药、不施用化肥，完全靠农家肥培养，没有任何污染。正因为原产地保护，新安有机茶如今已走出深闺，以村姑样的清纯姿态，落落大方地登上大雅之堂，成为了国内外的座上宾。难怪2008年，新安源有机茶还被北京国际奥委会指定为特许产品之一呢。

产品年度简介：新安源有机银毫产于中国最美丽的河流——黄山新安江源头，是新安源公司自主研制的一种新产品，因其独特的外形披银显毫，而取名“新安源有机银毫”。采制工艺：有机银毫采摘清明前后的一芽一叶鲜叶，要求做到三个一致，即“大小一致，老嫩一致，长短一致”，无余叶。每500克干茶芽头数将近万只。采用拣剔、杀青、揉捻、炒制理条、烘培干燥等新工序精制而成。品质特点：干茶条索紧秀、匀齐，锋毫显露，色泽墨绿，香气鲜嫩持久，有浓郁的熟板栗香；滋味醇厚鲜爽，回味甘甜；汤色明亮、翠绿，叶底均匀，明净柔软，实为茶中珍品。社会评价：2001年先后获“中国黄山十大名茶”、第三届国际名茶评比银奖等殊荣，深受消费者喜爱，国内外市场销售看好。

品称：至尊元
类别：绿茶
规格：2*80g
净含量：160g
原料产地：安徽省黄山市
茶叶配料：黄山大叶种茶树鲜叶
统一市场零售价：2688.00 元

品称：金源
类别：绿茶
规格：4*50g
净含量：200g
原料产地：安徽省黄山市
茶叶配料：黄山大叶种茶树鲜叶
统一市场零售价：958.00 元

冲泡方法：
取茶叶 3–5 克置于杯中，用 90℃开水冲泡 2–3 分钟即可饮用。

购买指南
实体店购买：品牌专卖店或茶百科实体店。
网络购买：shop.chabaike.cn 或品牌官方网站。
电话购买：茶百科服务热线 400-606-6060

建禧万福

北京建禧万福茶叶商贸有限公司

企业文化：北京建禧万福茶叶商贸有限公司是一家专业经营全国各种名茶，包括花茶 \ 绿茶 \ 红茶 \ 普洱茶 \ 乌龙茶 \ 铁观音 \ 大红袍，茶具，茶盘等等。立足立体开发，全方位经营，欢迎各界有识之士与我们共同携手合作，推动并弘扬中华茶文化事业，创造新的辉煌。

产地简介：铁观音原产地福建省安溪县。

产品年度简介：铁观音：泡饮茶汤醇厚甘鲜，入口回甘带蜜味；香气馥郁持久，七泡有余香。铁观音的品饮，使用陶制小壶，白瓷小盅（小杯），先用沸水烫热，然后在壶中装入相当于 1/2 至 2/3 壶容量的茶叶，冲以沸水，此时即有一股殊香扑鼻而来，正是未尝甘露味，先闻圣妙香。1~2 分钟后将茶汤倾入小盅内，先嗅其香，继尝其味，浅斟细啜，实乃一种生活艺术享受。

品称：极品大红袍
类别：乌龙茶
规格：50g
净含量：50g
原料产地：福建省武夷山市
茶叶配料：武夷岩茶
统一市场零售价：500.00 元

品称：半天妖
类别：乌龙茶
规格：50g
净含量：50g
原料产地：福建省武夷山市
茶叶配料：武夷岩茶
统一市场零售价：500.00 元

冲泡方法：

泡饮武夷岩茶的要领，首先要选择最佳的冲泡用具，以传热性好的白瓷盖碗为好，盖泡武夷岩茶最能表现其茶汤本色，有不加掩饰的效果。其次，要选择好泡饮之水，一般以山泉水为上，洁净的河水或纯净水为中，硬度太大或氯气明显的自来水不可使用。最后，盖碗的使用必须保持洁净和相当热度。可先用沸水浇淋杯体，即所谓的“温杯”，然后放入适量的茶叶，再用沸水冲泡即可。

置茶量一般为盖碗容量的 1/4~1/3 之间，水量为干茶量的 15-20 倍，一般可冲泡 10 余次。前 3 次冲泡的时间控制在 20-40 秒为好，之后每冲泡一次，浸泡时间再增加 10-30 秒。

购买指南

实体店购买：品牌专卖店或茶百科实体店。

网络购买：shop.chabaike.cn 或品牌官方网站。

电话购买：茶百科服务热线 400-606-6060

万生堂

湖北和合永安农业发展有限公司

企业文化：湖北和合永安农业发展有限公司是一家集茶园基地、生产加工、品牌运营为一体的创新型茶叶生产企业。公司坚持以“生命、自然、健康”为品牌及产品发展的核心价值观，尊崇茶叶原产地原则，在湖北、云南、福建均建有茶叶基地。目前公司主要运营“万生堂”茶叶品牌，产品包括：春生（春季绿茶）、夏花（茉莉花茶）、秋香（桂花茶，秋季绿茶）、宜红工夫（红茶）、铁观音、普洱、大红袍共7大茶叶品类，26个系列，48款茶叶产品。旗下万生堂，拥有4大茶叶基地，7种品类，26个系列，48款产品。和合永安以甄选上好茶源，生产优质茶叶，配合卓越的设计，融合蕴含国学的茶文化韵味，以全新姿态走向市场。

产地简介：万生堂尊崇茶叶原产地原则，集合三峡绿茶、宜红功夫茶、云南普洱、祥华铁观音以及武夷山的大红袍在湖北宜昌、湖北秭归、云南勐海、福建安溪祥华、福建武夷山建立了五大名优茶基地。以领先的工业技术和开发理念，严格的质量管理系统和先进的科学技术，实施现代化生产和管理。生产出优质的上好茶叶，保证茶叶的原味。2011年，万生堂获得第九届“中茶杯”，全国名优茶评比六项一等奖，2013年8月，万生堂红茶获得第十届“中茶杯”全国名优茶评比一等奖。

品称：理道
类别：绿茶
规格： 400g/ 盒
净含量：400g
原料产地：湖北 · 宜昌
茶叶配料：优质明前绿茶茶芽
统一市场零售价：650.00 元

品称：婵娟
类别：绿茶
规格：150g/ 盒
净含量：150g
原料产地：湖北 · 宜昌
茶叶配料：桂花茶
统一市场零售价：730.00 元

品称：上宾 320g
类别：乌龙茶
净含量：320g
原料产地：福建武夷山
茶叶配料：武夷岩茶
统一市场零售价：2350.00 元

品称：彩云南（有机）

类别：黑茶

规格： 357g/ 盒

净含量：357g

原料产地：湖北 · 宜昌

茶叶配料：云南大叶种晒青茶

统一市场零售价：720.00 元

品称：云集
类别：黑茶
规格：857g/盒
净含量：857gg
原料产地：湖北·宜昌
茶叶配料：云南大叶种晒青茶
统一市场零售价：2430.00元

冲泡方法：

1. 温杯：向杯中冲入适量的开水预热；
2. 投茶：根据容器器量或个人喜好投入适量干茶；
3. 润茶：向杯中注入少量热水浸润茶叶，迅速将水滤出；
4. 冲水：向杯中注入适量热水冲泡茶叶，适时出汤至公道杯中。

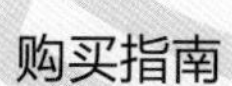

购买指南

实体店购买：品牌专卖店或茶百科实体店。
网络购买：shop.chabaike.cn 或品牌官方网站。
电话购买：茶百科服务热线 400-606-6060

国翔瓷艺

福建省德化县国翔瓷艺

企业文化：福建省德化县国翔瓷艺创办于2007年，拥有2万多平方米的现代厂房，员工500多名。公司集研究开发、生产、销售为一体，专业研制生产“国翔瓷艺”中国白高档工艺礼品及各种款式高档日用陶瓷。主要生产茶具、咖啡具、餐具、工艺礼品瓷等系列产品。公司秉承德化古窑之风，师古而不拘泥于古，产品以“白如雪、润如玉、薄如纸、声如磬”的中国白享誉世界。公司本着“诚信立业，质量拓业”的经营理念，多年来得到广大消费者和海内外客户的厚爱，曾多次被县政府评为“守信企业 ”及“纳税大户” 。公司已成为德化一家较有生产规模，品质卓越，品牌美誉的企业。

产地介绍：福建德化是福建沿海地区古外销瓷重要产地之一。由宋到清历代窑址达一百八十处，重点发掘了屈斗宫、碗坪仑两处窑址。德化窑瓷器（20张）花蓖划纹装饰较多，盒子遗留甚丰，盖面所印阳纹装饰达一百余种，题材之丰富在南方地区首屈一指，南宋时有专门制作盒子的作坊。屈斗宫元代办烧青白瓷，从南宋至元代。明代盛烧白瓷观音、达摩等塑像，胎釉浑然一体，如同白玉，被赞为“象牙白”、“奶白”或 “天鹅绒白”。清代除烧白瓷外，盛烧青花与彩绘瓷器。元代以来，德化窑瓷器输出海外，菲律宾、马来西亚出土有元代德化窑青白瓷，泰国及东非坦桑尼亚等国家也出土有清代德化窑青花瓷器。

年度产品介绍：青花瓷（blue and white porcelain），又称白地青花瓷，简称青花，是中国瓷器的主流品种之一，属釉下彩瓷。青花瓷是用含氧化钴的钴矿为原料，在陶瓷坯体上描绘纹饰，再罩上一层透明釉，经高温还原焰一次烧成。钴料烧成后呈蓝色，具有着色力强、发色鲜艳、烧成率高、呈色稳定的特点。原始青花瓷于唐宋已见端倪，成熟的青花瓷则出现在元代景德镇的湖田窑。明代青花成为瓷器的主流。清康熙时发展到了顶峰。明、清时期，还创烧了青花五彩、孔雀绿釉青花、豆青釉青花、青花红彩、黄地青花、哥釉青花等衍生品种。

品称：雪花釉皓月千里荷花
规格：茶杯口直径：6cm 高 :4.5cm
茶壶口直径：7cm(整体) 高 :8cm(整体) 宽 :14cm 公杯口直径 :5.5cm 高 :7.5cm 礼盒: 23cm 宽 :23cm 高 :20cm
原料产地：德化县国翔瓷艺
统一市场零售价：388.00 元

品称：手绘兰山水罐
规格 : 口直径：10cm 高 :11cm
原料产地：德化县国翔瓷艺
统一市场零售价：185.00 元

青花瓷保养：

1. 切勿浸泡在 70℃以上的热水中，以免对外表造成影响。
2. 切勿使用粗糙材质的布清洗 , 以免刮伤瓷面。
3. 切勿通过消毒碗柜等烘干设备对瓷器进行除湿处理。
4. 发现新增污迹速清洗，避免污渍停留时间过长，增加清洗的难度。冬季洗刷薄胎瓷时，要控制水温，以防冷冻和遇热水爆裂。洗刷瓷器最好用木盆和塑料盆，不宜用瓷盆和水泥盆，以避免瓷器碰伤。
5. 器型大的瓶、罐、尊移放时，因形体大，一般都是由下而上两段拼接而成，且有一定的重量，所以不能一只手提物件上部的脖子。应该一手拿住脖子，一手托住底，以免分量过重，使原来拼接起来的两节分离。有的瓶、罐、尊装饰有双耳，在取放时不能仅提双耳，以免折断和损坏。
6. 大盘、大碗体质较重，移动时应该双手捧，或是一手的拇指和食中二指扣住边缘，另一手的四指和手掌托底。忌用单手拿盘、碗的一边，以防断裂。
7. 薄胎的器皿，胎薄、质轻、娇嫩，移动安放时更须小心，要双手捧，忌用单手，尤其是瓶件，底足小，长度高，还须防风吹倒。
8. 带座、带盖的瓶器取放时应将座、盖和主体分别单拿单放，不能连盖带座一起端，防止移动时脱落打碎。

虹梯

广州源津食品有限公司

企业文化：广州源津食品有限公司成立于 2007 年，是一家集中茶、进口茶、锡兰茶、茶具及茶食品的生产、销售、服务于一体的专业茶业公司，我们拥有先进的茶叶加工生产线、美观的包装、质量检测设备和完善的内部质量管理体系，保证了产品质量的优良与稳定。我们致力于打造全世界优质茶园，“用心挑选每一片茶叶，用心把关每一道工序”是我们始终不变的理念，只为给更多茶爱好者，献上世界各地最干净、最优质的茶叶。我们不断地研究和发掘茶与健康的各种关系，探索着人们对完美生活的热爱与追求，艺术地向消费者提供健康的食品与美好的享受。企业理念：用心挑选每一片茶叶，用心把关每一道工序，用心服务每一位客户；企业定位：只做高品质食品；企业使命：关注食品安全，关注健康，为社会提供健康、卫生、高品质的产品。

产地简介：锡兰为英文 -Ceylon 的音译，原意为茶叶，是斯里兰卡的旧称。现在斯里兰卡为英联邦成员之一，红茶和宝石的王国。

产品年度简介：斯里兰卡红茶，又称“锡兰红茶”，是世界红茶市场的佼佼者。香气和嫩度好，行销全世界，与印度大吉岭红茶、阿萨姆红茶、中国祁门红茶并称为世界四大红茶，深受各国消费者推崇。锡兰红茶被称为献给世界的礼物！

品称：虹梯一号（罐装）
类别：锡兰红茶
规格：126g*1 罐
净含量：126g
原料产地：斯里兰卡 UVA（乌瓦）
茶叶配料：斯里兰卡红茶
统一市场零售价：580.00 元

品称：御品一号（罐装）
类别：锡兰红茶
规格：126g*1 罐
净含量：126g
原料产地：斯里兰卡 Dimbula(金佰莱)
茶叶配料：斯里兰卡红茶
统一市场零售价：289.00 元

冲泡方法：
工夫泡法：80-90℃水温冲泡，3-5 秒即可出汤。

购买指南
实体店购买：品牌专卖店或茶百科实体店。
网络购买：shop.chabaike.cn 或品牌官方网站。
电话购买：茶百科服务热线 400-606-6060

正山堂

福建武夷山国家级自然保护区正山茶业有限公司

企业文化：福建武夷山国家级自然保护区正山茶业有限公司，是正山小种红茶的专业生产企业，传承四百余年的正山小种红茶制作技艺。公司由正山小种红茶第二十四代传人——江元勋先生于2002年在茶界前辈张天福及社会各界人士的关心下创建。公司前身为江元勋先生于1997年白手起家创建的武夷山元勋茶厂，是生产、出口传统“正山小种”红茶的支柱企业，也是武夷山市委、市政府重点扶持的农业企业之一，同时还是福建省、南平市农业产业化龙头企业。公司于2005年研发的顶级红茶金骏眉带动了整个红茶的产业的发展，掀起了中国红茶的复兴。

产地简介：公司位于武夷山市桐木村庙湾，武夷山国家级自然保护区和武夷山世界自然遗产地的核心区内。这里是红茶始祖“正山小种红茶”的发源地，上世纪40年代，当代茶圣吴觉农和茶界泰斗张天福就曾在这里与江元勋先生的祖父江润梅先生一道为发展复兴“正山小种红茶”而默默的耕耘着。正山小种红茶是世界红茶的鼻祖，至今已有400余年的历史；她是红茶中的佼佼者，以其卓越的品质行销国内外市场，备受茶者的喜爱。

产品年度简介：正山堂百年老枞原生是本公司在正山小种红茶传统工艺的基础上于2005年创新研制的高端红茶。该茶原料采摘于自然保护区内高海拔、原生态茶山上生长的野生老茶枞，由熟练女工采摘翠嫩的芽尖，再由经验丰富的茶师精心制作而成，每500克百年原生老枞约需3—5万颗标准嫩芽。正山堂百年原生老枞外形壮实，匀齐显毫，色泽为金、黄、黑相间，色润；茶汤为金黄色，并呈金圈、油润；枞味醇厚，鲜活甘爽，喉韵悠长，高山韵味显，其水、香、味，似果、蜜、花香，沁人心脾，使人仿佛置身于茫茫的原始森林之中，又如入空谷幽兰之境，12泡过后，口感仍然饱满甘甜；叶底亮丽舒展，秀挺鲜活，实为茶中之极品。

品称：金骏眉
类别：红茶
规格：100g*1 罐
净含量：100g
原料产地：福建武夷山
茶叶配料：小种红茶
统一市场零售价：2560.00 元

品称：百年老枞
类别：红茶
规格：100g*1 罐
净含量：100g
原料产地：福建武夷山
茶叶配料：小种红茶
统一市场零售价：1700.00 元

冲泡方法：

根据瓷壶的容量投入适量茶叶，注入开水（冲泡后的茶汤要求汤色红艳为宜，水温以 70-80℃为宜，头几次冲泡使用刚烧开的沸水可能出现酸味），冲泡时间一般为头 2 泡出水时间为五秒钟，3 泡后出水时间可视泡数增加以及口味而适当延长。不宜浸泡过久，合适的浸泡时间不仅茶汤滋味宜人，还可增加耐泡次数。

六堡林

北京六堡林茶业有限公司

企业文化：六堡林成立于2003年，十余年来，公司在从事六堡茶的开发、种植、研究工作，致力于发展六堡茶事业，弘扬六堡茶文化，引导广大茶农科技种茶、科学管理茶园，共同维护六堡茶品牌等方面都做出了积极努力，先后被评为"第二界中国国际茶业及茶艺博览会金奖"、"2012年首界中国禅茶博览会金奖"、"六堡林陈年野生六堡茶金奖"。六堡林茶业享誉"十年北京公认经典黑茶"、"集天地之灵气、品四季之精华"的美誉、"六堡林是守合同重信用企业"、"六堡林消费者满意放心产品"。"六堡林野生土茶"也是消费者认定为六堡林精中之精。经国家商标总局批准有："六堡林"、"出口六堡"著名商标。"认真做事、诚实做人"，这是六堡林精神，集中反映了六堡林公司浓厚的企业文化底蕴，并突出六堡林在致力于六堡茶事业，弘扬六堡茶文化所具备的特色茶文化功底，同时，也必然推动着企业不断维护品牌，不断打造新品牌。

产地简介：为保证茶叶质量，促进茶农增收，公司采取"公司＋基地＋农户"的形式与100余户茶农签定协议，保护价收购茶农鲜叶。为茶农增加收入。同时，通过进行茶叶产业化生产每年解决茶农的就业问题，带动了整个六堡茶茶园实行规范化生产。

产品年度简介：六堡林茶享誉"十年北京公认经典黑茶"、"集天地之灵气、品四季之精华"的美誉、"六堡林是守合同重信用企业"、"六堡林消费者满意放心产品"。"六堡林野生土茶"也是消费者认定为六堡林精中之精。经国家商标总局批准有："六堡林"、"出口六堡"著名商标。

品称：六堡林
类别：黑茶
规格：2*400g
净含量：800g
原料产地：广西六堡
茶叶配料：焙青种芽
统一市场零售价：867.00 元

品称：野生土茶
类别：黑茶
规格：2*350g
净含量：700g
原料产地：广西六堡
茶叶配料：焙青种芽
统一市场零售价：1667.00 元

冲泡方法：
盖碗冲泡：茶 8 克，沸水温杯润茶，首泡 20 秒出汤，次泡后，依次延 10 秒出汤为好，可冲泡多次。

购买指南
实体店购买：品牌专卖店或茶百科实体店。
网络购买：shop.chabaike.cn 或品牌官方网站。
电话购买：茶百科服务热线 400-606-6060

新功

广东新功电器有限公司 **SEKO新功**

企业文化：广东新功电器有限公司是广东新功集团属下的子公司，自成立以来秉承“以质量打造品牌，以品牌占领市场”的经营理念，坚持“只打质量战、创新战，不打价格战”的方针，致力为广大客户提供全方位的综合服务。公司目前拥有强大的销售服务网络，在国内已设置北京、上海、重庆、广州、深圳、武汉、宜兴、泉州、郑州、太原、成都、长沙、兰州、济南、海口、南宁、石家庄、贵阳、南昌、沈阳、饶平等多个办事处，经销商遍布全国各地，为广大用户提供最先进的产品和最便捷的服务，产品销量全国领先。凭借高素质的服务和先进的运营模式，卓越的质量水平获得了广大客户的认可与支持，使新功品牌深入人心。新功人以“不吃成本，再立新功”的精神，不断鼓舞、鞭策自身，诚信、热忱地与国内外新老客户广结良缘，共创辉煌未来！

产地简介：总公司地处广东省饶平县城北工业区，临近沈海高速饶平出口处，交通便捷。公司自有土地 200 多亩，厂房 8 万多平方米，配套设备设施齐全，拥有专利 20 多项，生产及开发能力强大。

产品年度简介：广东新功电器有限公司主要从事电磁炉、电磁茶炉、组合茶炉、多功能组合茶盘、进口实木组合茶盘、电茶壶、快速壶等系列产品的生产及研发，产品造型新颖，质量稳定，深受广大消费者的青睐。公司产品取得了国家强制性CCC认证和CE、CB认证，拥有专业的技术资质。

Model:F17A

材质：上等名贵花梨木，融入现代简约的设计，800 度钢化玻璃面板，进口 304 不锈钢，纯银触点，触摸感应式控制系统，实时显示温度，任意设定温度。环保节能加水系统，高吸程功能和多级减震技术。壶身 360° 自由旋转，180° 旋转加水器，智能 15 分钟消毒程序。

额定功率：800W/1350W

颜色：木纹 (Wood)

配壶容量：0.8L/1.2L

配炉彩盒尺寸 Gift box（stove）：425*272*260mm

木茶盘彩盒尺寸 Gift box（tea-tray）：835*115*500mm

材质：花梨木

统一市场零售价：1280.00 元

Model:T13-F24+SB（带加水器）

材质：上等名贵进口鸡翅木，融入现代简约的设计，800 度钢化玻璃面板，进口 304 不锈钢，纯银触点，触摸感应式控制系统，实时显示温度，任意设定温度，环保节能加水系统，高吸程功能和多级减震技术，壶身360° 自由旋转，180° 旋转加水器。智能 15 分钟消毒程序。

额定电压：100 ~ 120V/220 ~ 240V

额定频率：60/50HZ

额定功率：800W/1350W

颜色：木纹 (Wood)

配壶容量：0.8L/1.2L

配炉彩盒尺寸 Gift box（stove）：425*272*260mm

木茶盘彩盒尺寸 Gift box（tea-tray）：835*115*500mm

材质；鸡翅木

统一市场零售价：1380.00 元

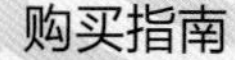

购买指南

实体店购买：品牌专卖店或茶百科实体店。

网络购买：shop.chabaike.cn 或品牌官方网站。

电话购买：茶百科服务热线 400-606-6060

润康芳茗®
RunKangFangMing
安吉白茶

润康芳茗

安吉县润康茶场

企业文化：茶厂自建成以来，已经发展成具有规模的专业企业，茶厂以质求生，以科技为依托，多年以来始终秉承着“没有质量，一切都是负数”的精神理念，坚持以此为“十字方针”而打造“润康芳茗”牌安吉白茶，为新老客户提供品质正宗的安吉白茶。

产地简介：安吉润康茶场坐落于著名的中国竹乡，安吉梅溪龙口，气候温暖，雨水充沛，日照充足，四季分明，无工业污染，生态环境保存完好，具有高品质茶叶理想生长的生态环境，生态茶园与竹林紧密相连，这种得天独厚的生态环境孕育了“润康芳茗”牌安吉白茶，所产安吉白茶茶香气极高，汤色清醇，回味甘甜，一直为广大顾客和茶商所称赞。

产品年度简介：安吉白茶即是宋徽宗《大观茶论》中所指的白茶，迄今已有九百多年的历史，是茶叶中的珍稀茗品，起型如凤羽，色如玉霜，内质香气鲜爽馥郁，氨基酸的含量高于普通茶的两倍以上，实为中国绿茶的一朵奇葩。

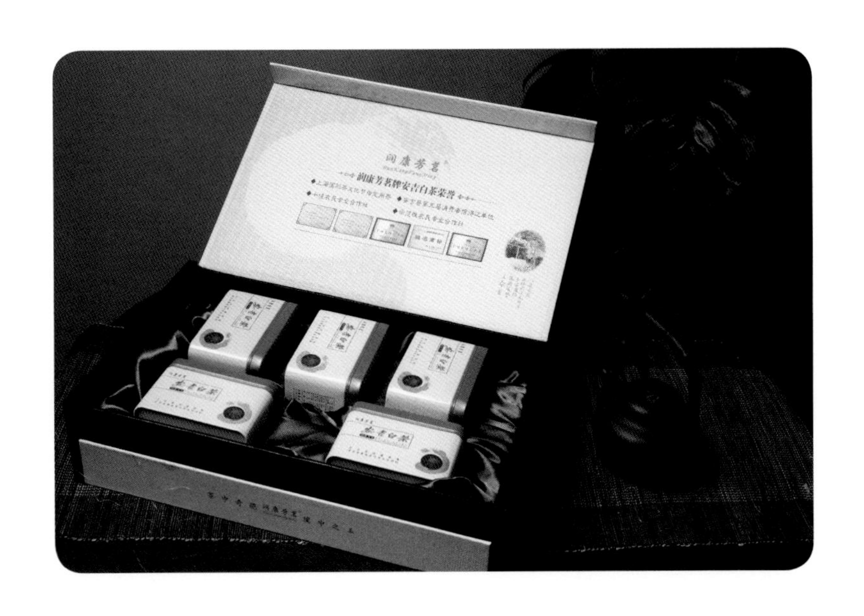

品称：润康芳茗牌安吉白茶
类别：绿茶
规格：50g*5
净含量：250g
原料产地：浙江安吉
茶叶配料：绿茶茶芽
统一市场零售价：1600.00 元

品称：润康芳茗牌安吉白茶（珍品）
类别：绿茶
规格：35g*6
净含量：210g
原料产地：浙江湖州安吉
茶叶配料：绿茶茶芽
统一市场零售价：2100.00 元

冲泡方法：
80–85℃水，玻璃杯冲泡即可。

炭韵黑珍珠

茗山国际茶业有限公司

炭韵黑珍珠

企业文化：炭韵黑珍珠茗茶为台湾茗山茶业有限公司旗下知名品牌，为了推广健康的绿色食品，树立良好品牌形象，以专业、专精的制茶技术与讲求实事求是的精神，茗山茶叶有限公司受当地政府的肯定，于 1993 年荣获台湾省茶叶评鉴乌龙茶特等奖、1996 年荣获台湾省区制茶同业公会评定为优良厂家，成为台湾区制茶业的标杆。炭韵黑珍珠茗茶以自创的品牌，推动台湾茶业进入国际市场，是炭韵黑珍珠茗茶全体同仁一致努力追寻的目标。有专业的制茶技术，更有独特的焙制方法，长期开发自己的品牌，商品多元化，以求新求变的经营理念，将茶提升为精致化、艺术化、生活化、现代化的饮品。

产地简介：公司位于台湾风景明媚的南投县，是一家近百年的制茶厂，经三代人的不懈努力，现今集种植、制造、销售为一体，每年参加台湾省内各农、商会茶叶评比获得特等奖、头等奖、金牌奖不计其数，产品受中、外茶界及消费者所肯定。

产品年度简介：软枝乌龙茶为最早引进冻顶山区的茶树品种，此茶树品质优异，在台湾茶市场居领先地位，所采之茶青均选上品干茶，外观色泽呈墨绿，条索紧结弯曲，冲泡后汤色略呈柳橙黄色，有浓郁果香，汤味醇厚甘润，回甘强，为茶味中之圣。

品称：梨山 H303-3
类别：乌龙茶
规格：150g*2/ 筒
净含量：300g
原料产地：台湾南投县
茶叶配料：乌龙茶芽
统一市场零售价：1750.00 元

品称：洞顶茶王 H302-1
类别：乌龙茶
规格：150g*2/ 筒
净含量：300g
原料产地：台湾南投县
茶叶配料：乌龙茶芽
统一市场零售价：850.00 元

冲泡方法：
95-100℃洁净开水，紫砂器皿为佳。

冰岛

云南双江勐库勐傣茶厂

企业文化：云南双江勐库勐傣茶厂始建于1996年，以加工普洱茶为主，是集茶叶初制加工、精制加工、销售为一体的专业化企业。为提高生产规模和产品质量，适应市场的需求，公司于2005年加大投入进行扩建，占地面积1778平方米，新建厂房1500平方米，普洱茶生产设施设备完善。勐傣茶厂于2006年通过国家QS认证，并获得“全国工业产品生产许可证”证书，被评为“临沧市消费者喜爱产品”，企业通过多年的生产实践，总结出一套完善、先进的普洱茶生产工艺技术，以精选的勐库大叶种茶为原料生产加工出的“勐傣”牌普洱茶系列产品，因其品质上乘、口味醇厚回甘持久，被广大消费者所青睐，远销全国各地。

产地简介：勐库镇是勐库大叶茶的故乡，勐库镇位于临沧市双江自治县北部，境内山多坝少，山区面积占99.55%，河谷交错、山峦起伏、河沟纵横，条条溪流汇集南勐河，有最高海拔3233米的大雪山，是目前全世界发现的海拔最高、密度最大的野生茶种群落。适宜的自然环境，孕育出优良的勐库大叶群体茶种。1957年和1984年全国茶树良种审定委员会举行的两次会议，都审定勐库大叶茶种是全国优良茶种。勐库大叶种茶作为国家级良种，位居云南大叶茶榜首，是中国茶界专家公认的“云南大叶种茶的正宗”。勐库大叶茶的优势特点是：叶缘向背翻卷，密批多茸毛，叶肉较厚软，叶色浓绿，主脉明显，锯齿大而浅，育芽力强，叶稍长，一芽二叶均重0.62克。勐库大叶茶为有性品种，茶种纯度高达85%以上，内含物质丰富，茶多酚和儿茶素较高。占据了好的资源优势，确保了勐傣茶的高品质。

产品年度简介：冰岛如意生砖，精选勐库冰岛村一带百年古树春茶压制而成，茶叶条索粗壮肥硕，显白毫，茶汤金黄明亮、茶味甘甜滑爽、滋味醇厚、生津回甘较好，杯底蜜香味足，回味无穷。产品设计成巧克力砖型，方便茶客徒手就可掰茶冲泡。

品称：冰岛如意砖（普洱生茶）
类别：黑茶
规格：50g*10 盒
净含量：500g
原料产地：云南勐库冰岛村
茶叶配料：冰岛大叶种茶
统一市场零售价：240.00 元

品称：冰岛如意砖（普洱熟茶）
类别：黑茶
规格：50g*10 盒
净含量：500g
原料产地：云南勐库冰岛村
茶叶配料：冰岛大叶种茶
统一市场零售价：240.00 元

冲泡方法：
取茶碗（最好是盖碗）选择 5 克左右（也就是一块巧克力大小）投入碗中，用高温沸水进行冲泡。第一次浸泡时间控制在 15 秒以内倒掉（叫洗茶）。然后再次注水，浸泡时间根据个人爱好而定，如果喜欢喝浓一点就多泡一会儿，喜欢淡一点就少泡一会儿。

润思

安徽国润茶业有限公司

企业文化：安徽国润茶业有限公司是一家从事茶叶种植、加工、品牌运营和国际贸易为一体的茶叶集团企业。公司创立于 1951 年，是祁门红茶国家标准化示范基地、国家农产品加工业示范企业、安徽省农业产业化龙头企业和中国最大的祁门红茶生产商。公司旗下“润思”商标 2005 年被评为安徽省著名商标，润思系列茶产品被评为“安徽名牌产品”，并多年荣获“安徽省质量奖”。公司始终坚持走“以祁门红茶为主体，红绿茶兼营、内外销并举”的发展之路。外销出口到英、德、美、俄、日等 30 个国家和地区，内销市场覆盖东北、华东、华南、西南及华北。润思祁红具有 HACCP、GAP、ISO9001、QS、IMO 等权威质量体系认证。集巴拿马万国博览会金奖、中国世博十大名茶、国家礼茶、国家茶叶博物馆收藏品等荣誉于一身。润思有着 60 年制茶历史的沉积，经过几代润思人的努力，传承缔造着中国红茶第一品牌。

产地简介：润思祁门红茶产自世界历史与文化遗产——黄山、九华山海拔 800 米以上的高山茶区，每年清明节前后开园时采摘一芽一叶，再经过 20 道工艺精制而成。

产品年度介绍：润思红茶条索紧细、锋苗挺秀、色泽乌润。冲泡香气似花似蜜，具有独特的“祁门香”。汤色红艳透亮，金圈混厚。叶底完整、红匀柔亮。口感醇厚。

品称：世博祁红
类别：红茶
规格：50g*2包
净含量：100g
原料产地：安徽池州
茶叶配料：祁门红茶
统一市场零售价：70.00元

品称：润思仙针
类别：红茶
规格：50g*2包
净含量：100g
原料产地：安徽池州
茶叶配料：祁门红茶
统一市场零售价：260.00元

冲泡方法：

1. 一杯份需要茶匙1满匙（约3克）。
2. 将煮沸到90-100℃的开水倒入杯中，使茶叶充分地翻动。
3. 盖上杯盖，开始浸泡。根据茶叶条形大小、紧疏、厚薄，以及个人口味浓淡掌握泡茶时间。一般在2分钟左右。
4. 将茶杯盖打开，一杯纯正的润思祁门红茶就泡好了。

购买指南

实体店购买：品牌专卖店或茶百科实体店。
网络购买：shop.chabaike.cn 或品牌官方网站。
电话购买：茶百科服务热线 400-606-6060

晋丰厚

湖南省安化县晋丰厚茶行有限公司

企业文化：岁在庚午，时于六月，晋商巨贾，合股设庄安化，晋丰厚由此诞生，刻号经营以茶为主，茶货两兼，以户制呈茶为主，辅以红茶，开业后盈利年增，贸易扩展，分庄设于张家口，多伦，归化，包头等十数处，中茶传承至今。

产地简介：益阳地区特有的地理标志产品。是以在特定区域内生长的安化云台山大叶种、槠叶齐等适制安化黑茶的茶树品种鲜叶为原料，按照特定加工工艺生产的黑毛茶，以及用此黑毛茶为原料，按照特定加工工艺生产的具有独特品质特征的各类黑茶成品。安化黑茶，因其产自湖南益阳安化而得名。

产品年度简介：黑茶的主要功能性成分是茶复合多糖类化合物，这类化合物被医学界认为可以调节体内糖代谢（防治糖尿病）、降低血脂血压、抗血凝、血栓、提高机体免疫能力。临床试验证明，黑茶的这些特殊功能显著，是其他茶类不可替代。黑茶汤色的主要成分是茶黄素与茶红素，研究结果表明，茶黄素不仅是一种有效的自由基清除剂和抗氧化剂，而且具有抗癌、抗突变、抑菌抗病毒、改善和治疗心脑血管疾病、治疗糖尿病等多种生理功能。茶叶中的矿质元素主要集中在成熟叶、茎、梗中，黑茶采制原料较老，矿质元素含量比其他茶类高。其中氟对防龋齿和防治老年骨质疏松有明显疗效；硒能刺激免疫蛋白及抗体的产生，增强人体对疾病的抵抗力，并对治疗冠心病，抑制癌细胞的发生与发展有显著效果，茶叶中硒含量可高达 3.8~6.4mg/kg。黑茶还是一种低咖啡因的健康饮料（原料成熟度高，烘焙等因素），与可乐以及其他茶类相比，黑茶不影响睡眠。

品称：安化黑茶（条形）
类别：黑茶
规格：180g*2
净含量：360g
原料产地：湖南安化
茶叶配料：安化黑茶
统一市场零售价：720.00 元

品称：湖南黑茶
类别：黑茶
规格：550g*1 饼
净含量：550g
原料产地：湖南安化
茶叶配料：安化黑茶
统一市场零售价：720.00 元

冲泡方法：
盖碗冲泡：茶 8 克，沸水温杯润茶，首泡 20 秒出汤，次泡依次延 10 秒出汤，可冲泡多次。

黔茶库

贵州聚福轩茶业食品有限公司

企业文化：现代茶生活专家“聚福轩”，贵州文化茶第一品牌。2010 年荣获“贵州省著名商标”，在消费市场具有良好的品牌知名度和影响力。多年来，“聚福轩”始终坚持以人为本、以质取胜，以科学发展观念拓展市场。在黔茶产业中积聚了集生产、销售、茶文化研究与宣传的多元化经营模式。“聚福轩”成立至今 7 年，始终将“儒福”文化与“黔茶文化”贯穿自本企业文化加以推广。“聚福轩”的发展之根是将中国茶文化更好的延续和创新发展，以儒家思想经营企业，努力使企业成为有道德风范、有文化素养的黔中一品茶企。

产地简介：贵州古称之为黔或夜郎。其地处云贵高原东部，境内山脉众多，重峦叠嶂，绵延纵横，山高谷深，其中 92% 的面积为山地的丘陵，森林覆盖率 40% 以上，平均海拔 1100 米左右。全省气候宜人，特别适宜茶叶的生长，各地所产茶叶口味俱佳，绿色自然，环保生态。乃全国传统四大甲类产茶区之一。省内有 18 个世居民族，各个民族在长期的生活实践中自然形成了独具特色饮茶文化。贵州聚福轩茶业食品有限公司深入挖掘黔茶之精髓，整合出来自黔家的绿色茶味——中国绿茶品高原翠系列茗品，向人们充分展示贵州绿茶的全貌。让其生态、环保、自然、唯一的物质特征秀甲天下。通过黔茶库让贵州名优绿茶更加的系统，以黔茶库加盟连锁店的方式让绿茶走出贵州的大山。聚福轩人诚挚希望来自黔家的广大茶农、茶人、茶商、茶企，为了共同的目标协作起来，为黔茶出山尽终生之力。

产品年度简介：聚福轩深入挖掘黔茶精髓，整合贵州六大名茶资源，开发高原翠系列茶产品，将湄潭翠芽茶、石阡苔茶、凤冈锌硒茶、贵定云雾贡茶、匀品毛尖茶和御品鸟王茶集中呈现给消费者。并以“聚福、祝福、祈福、惜福、来福”划分等级，充分体现了聚福轩倡导的福文化，同时为消费者提供了丰富的选择。 黔茶库，则是集中经营聚福轩茶产品系列的专营店。

品称：雅风白韵

类别：白茶

规格：120g*1 罐

净含量：120g

原料产地：贵州贵阳

茶叶配料：精选白毫

统一市场零售价：3888.00 元

品称：红眉颂

类别：红茶

规格：60g*2/ 筒

净含量：120g

原料产地：贵州贵阳

茶叶配料：小种红茶

统一市场零售价：468.00 元

冲泡方法：

80-90℃水温，玻璃杯器皿为佳。

购买指南

实体店购买：品牌专卖店或茶百科实体店。

网络购买：shop.chabaike.cn 或品牌官方网站。

电话购买：茶百科服务热线 400-606-6060

天佑汝瓷

汝州天佑汝瓷有限公司

企业文化：汝州天佑汝瓷有限公司位于汝瓷的原产地汝州，是一家专注于开发、研究、设计和推广汝瓷实用器、艺术品和收藏品的专业机构。公司下设天佑汝窑、天佑汝瓷艺术馆。天佑汝瓷一贯遵守“道法自然”的艺术理念，不厌其精、不计成本。作品数量屈指可数，入窑后的成品率不及 5%，仅有少量作品供人鉴赏把玩，是尊贵的艺术瑰宝。新中国成立后，周恩来号召“复兴汝窑”，天佑汝窑的前身是国家汝窑恢复和艺术小组。当时的汝窑恢复主要负责人之一胡庆林开始了这个伟大的文化复兴工程。上世纪 80 年代，胡庆林先生同考古队考察古窑址，偶得一罐尚未研磨的釉料。2006 年年初，古法烧制日益成熟，天佑汝瓷艺术家群落渐具雏形。2011 年 8 月份，命名“天佑汝瓷”，寓意上天一定会保佑。2011 年 8 月 15 日晚 9 点，历史性的时刻终于到来，汝瓷复烧成功。甫一面世，天佑汝瓷就获得业界专业机构的认可。首先，承担起了两大国家级文化项目的神圣任务：一是负责烧制在世界绿色设计论坛上赠送欧盟的重要陶瓷礼品并作为欧盟议会大厦的陈列品，二是负责烧制神九、神十陶瓷艺术纪念品。同时，商务部茶楼标准将天佑汝瓷列为推荐产品，国家博物馆已和天佑汝瓷成为合作伙伴并派出专家组成天佑汝瓷专家组，光华设计基金会将天佑汝瓷设定为绿色设计基地。天佑汝瓷的复烧成功，圆满了 900 多年无数代人的复烧之梦，天佑汝瓷作为中华文明的传承者，实至名归。一系列荣誉将不断鼓舞天佑汝瓷将中国汝瓷文化发扬光大，推向全世界!

产地简介：汝瓷，产于河南汝州，必须用汝州当地的矿物质，在当地气候下烧制，方能呈现汝瓷雍容的美，故得名汝瓷。汝瓷是中国五大名瓷（汝、官、钧、哥、定）之一，宋代开始即被列为五大名瓷之首，其余的四大名窑均为“追汝”之风。汝瓷是罕见的被历朝历代皇室贵族奉为皇家御用瓷的瓷器。从烧制之初被宋徽宗定为皇家御用后，在后来的所有朝之后历朝历代，都备受皇家追捧，因世有“纵有家财万贯，不如汝瓷一片”之美誉。汝瓷代表了中国瓷器最高的艺术造诣。后人赞美汝瓷：“青如天，面如玉，蝉翼纹，晨星稀，芝麻支钉釉满足”。

产品年度简介：神舟壶形象抽象于神舟飞船，提梁寓意航行轨道，壶身寓意神舟飞船。

品称：天宫壶
类别：茶具
规格：壶长 14.1cm 壶高 9.2cm
原料产地：河南汝州
统一市场零售价：6890.00 元

品称：神州壶
类别：茶具
规格：壶长 12.7cm 壶高：10cm
原料产地：河南汝州
统一市场零售价：8880.00 元

瓮溪　福建福鼎市天天品茶业有限公司

企业文化：福建福鼎市天天品茶业有限公司，成立于 2011 年，主做有机福鼎白茶，拥有自己广大的有机茶园，采用传统工艺，采摘，加工，立志为茶人朋友提供最健康，最纯粹的白茶。

产地简介：福建东面临海，岛屿星罗棋布，物华天宝，尧时太姥娘娘于此施白茶，于是白茶普及于福鼎民间，福鼎白茶，灵山秀水生之，古老而自然，极为珍贵。

产品年度简介：冰肌玉骨，美姿美态的白茶，其外形绰约多姿，其内温文如玉，由内而外散发着高贵、素雅、自然、纯净、神秘诱人，惹人探其究竟。

品称：寿眉
类别：白茶
规格：380g*1 饼
净含量：380g
原料产地：福建福鼎
茶叶配料：福鼎白茶
统一市场零售价：1600.00 元

品称：白毫银针
类别：白茶
规格：380g*1 饼
净含量：380g
原料产地：福建福鼎
茶叶配料：福鼎白茶
统一市场零售价：880.00 元

冲泡方法：
透明玻璃杯，取 3-5 克茶，用约 90℃沸水，先洗茶，温润泡，再用热水直接冲泡，1 分钟后可饮。

渡和堂

广州渡和堂茶具有限公司

企业文化：“渡和堂”铁壶，在随手泡充斥市场的今天，将铁壶“引渡”回国，其实际意义并不仅仅是重新发掘一种煮水器具，更重要的是对原有中国文化的认同和追寻。 在人们重新审视国学，关注“养生”的时候，“渡和堂”铁壶的出现符合这一趋势和潮流。“渡和堂”并不是仅仅“渡”回一把铁壶。“渡和堂”是在追寻传统文化的基础上，树立一种观念：“天地人和、颐养身心”。这一核心理念，一脉相承于《黄帝内经》，是古人追求的境界，也是现代人浮躁生活的解脱之道。《内经》说：天覆地载，万物悉备，莫贵于人，人以天地之气生，四时之法成。

产地简介：高温核桃油处理技术是即日本老铁壶天然植物油（生漆）之后的一种工艺技术。是广州渡和堂铁壶与日本合作研发出来的，该技术比日本的植物油更高级。是指在800度高温的条件下，采用特殊手法和特殊工艺，经过手工将核桃油一层层地刷在铁壶内壁。在高温条件下，核桃油以渗透融合的方式形成透气的壶壁结晶膜，久经使用后能实现由结晶膜到垢化层的完美转换，同时，毫无阻隔地释放未加改变的二价铁离子，实现补铁补血的功能。可以说，这种技术是目前国内铁壶行业最为领先的技术，它也填补了国内无植物油内壁技术的空白。高温核桃油内壁处理技术应用于渡和堂手工壶系列。

产品年度简介：渡和堂手工壶全部采用失腊工艺手工制作，一壶一模，精雕细刻，且独家运用完整的渡和堂专业技术——核桃油高温结晶技术。手工壶特征为壶体轻薄，艺术个性强，是艺术性和实用性的完美结合。渡和堂半手工壶采用半手工制作，其特点为大小适中，务实耐用，简约而不失精美。渡和堂每种铁壶都充分表现了手工雕刻纹饰与壶身外形的融合，图纹样式，种类纷繁，符合中国人的审美习惯，铁壶容量也分大中小三等，满足消费者的不同需求。渡和堂还推出了六种代表壶型，并申请了外观专利，这个六个壶形都充分体现了功能与审美的紧密结合。

品称：国色天香壶（镶银）

类别：茶具

规格：17*15*22cm

净含量：重：1.1kg；容：0.9L

统一市场零售价：8800.00 元

品称：潜龙初现壶

类别：茶具

规格：21*16*14cm

净含量：重：1.6kg 容：1.2L

统一市场零售价：1380.00 元

英伯伦

北京哈文迪经贸有限公司

企业文化：北京哈文迪经贸有限公司，作为英伯伦茶叶（中国）分公司，于 2006 年 9 月成立，现在主营进口食品，其中最具代表性的锡兰茶已经有了上百种产品，并在 2006 年 9 月，成功注册并代理了"英伯伦"和"哈文迪"这两个茶叶品牌。2009 年 5 月，马连道国际茶城英伯伦茶叶旗舰店开业。同时，建立了自己的网上商城"我的英伯伦 -www.myimpra.com"。迄今为止，哈文迪在全国有 14 个英伯伦专卖形象店，主要是设立在北京、山东、浙江、哈尔滨等地区。在斯里兰卡茶叶品牌中，是目前最有实力的中国总经销商，并且具有完善的经销商系统、超市系统、电子商务平台系统。公司的销售体系：全国市场部、商场超市部、电子商务部。公司总裁阿努拉先生（国籍是斯里兰卡），从创始公司至今，利用其特殊身份与地位，一直在为架起中国与斯里兰卡之间的贸易桥梁不断努力，并获得了两国政府的一致认可。 2009 年在中国设立斯里兰卡红茶体验交流中心——IMPRA 旗舰店（马连道国际茶城），为了让消费者近距离地了解斯里兰卡红茶，特在中国最具茶叶影响的商业街——马连道，开设集展示斯里兰卡风土人情，高端人士交流，红茶评鉴为一体的斯里兰卡红茶体验交流中心，并获得斯里兰卡茶叶局和斯里兰卡驻华大使馆钦点，已经成为在中国的"锡兰茶"最具商业价值的交流中心。哈文迪本着高品质、优服务、高口碑的经营理念，有足够的信心、能力来保证所提供的进口食品的品质，开创食品业的新篇章。并为中国每一位消费者献上来自世界各地特色优质的食品，让世界离我们更进一步。

产地简介：尽管斯里兰卡面积相对较小，但却是世界上第一大茶叶出口国和第四大茶叶生产国家。中国、印度和肯尼亚茶叶生产量虽然很大，但是大部分茶叶是在国内销售，而斯里兰卡的茶叶 95% 是出口的。据统计，2010 年斯里兰卡国内茶叶的消费是 1.9 万吨，出口量则是 32.9 万吨。可以这么说，斯里兰卡的茶叶是为迎合世界各地饮茶者的口味而生产的。斯里兰卡生产的各种各样的茶叶是按"锡兰茶"（斯里兰卡茶叶）这个全球知名的大品牌销售的，有鉴赏力的饮茶者会从中选择自己喜欢的品种。人们说"斯里兰卡茶叶"是斯里兰卡献给世界的礼物。

产品年度简介： 斯里兰卡因常年云雾弥漫，冬季吹送的东北季风带来雨量(11 月 - 次年 2 月)，以 7-9 月所获的品质最优。产于山岳地带西机时的汀布拉茶和努沃勒埃利耶茶，则因为 锡兰红茶受到夏季 (5-8 月) 西南季风送雨的影响，以 1-3 月收获的最佳。锡兰的高地茶通常制为碎形茶，呈赤褐色。其中的乌沃茶汤色橙红明亮，上品的汤面环有金黄色的光圈，犹如加冕一般，其风味具刺激性，透出如薄荷、铃兰的芳香，滋味醇厚，虽较苦涩，但回味甘甜。汀布拉茶的汤色鲜红，滋味爽口柔和，带花香，涩味较少。努沃勒埃利耶茶无论色、香、味都较前二者淡，汤色橙黄，香味清芬，口感稍近绿茶。

品称：英伯伦红茶（锡兰礼盒装红茶）
类别：红茶
规格：160 克（2 克 *10 袋 *8 盒）
净含量：160 克
原料产地：斯里兰卡
茶叶配料：红茶、草莓、黑加仑、樱桃、柠檬、桃子、苹果、伯爵和山梅味香料
统一市场零售价：128.00 元

品称：英伯伦乌瓦高级礼品红茶
类别：红茶
规格：250g*1 罐
净含量：250g
原料产地：斯里兰卡
茶叶配料：红茶、香料
统一市场零售价：1280.00 元

冲泡方法：
1. 将杯子温热，注入 150 毫升，95-100℃的热水；
2. 放入茶袋加盖浸泡 1 分钟后，摇动茶袋 2-3 圈；
3. 取出茶袋；
4. 依个人口味加入砂糖 。

购买指南
实体店购买：品牌专卖店或茶百科实体店。
网络购买：shop.chabaike.cn 或品牌官方网站。
电话购买：茶百科服务热线 400-606-6060

昆仑雪菊

悦享本草昆仑雪菊生产基地

YUNJU 雲菊®

企业文化：新疆雪菊生物科技有限公司，是一家依托新疆独有珍惜生物资源优势与资深的研发团队、先进的生物科学实验室与信息技术平台，专业从事雪菊药理研究、生物技术开发，绿色健康产品生产与销售的高新技术企业。公司始终秉承“走现代生物科技之路，缔造健康生活每一天”的经营宗旨，严格遵循“纯天然、无污染、高品质”的产品理念。将以先进的技术、纯正的产品和优质的服务让广大消费者享受现代生物科技带来的健康生活。同时，雪菊生物科技有限公司已经通过了ISO9001:2008国际质量管理体系、HACCP食品安全管理体系认证。雪菊生物，这艘民族健康产业的战舰乘风破浪、一往无前，定会拓展出一片更加辽阔的天地。

产地简介：昆仑雪菊产于昆仑山海拔3000米以上的雪域，那里巨峰拱列，风雪肆虐，气候奇寒。使得万物拥有极强的生命力。雪菊采昆仑之灵气，吸雪山之精华。耐酷寒之折磨，经冰雪之纯化，于每年八月份绽放出一片金黄，且花期极短，产量稀少。

产品年度简介：雪菊别名“血菊”，长于昆仑山3000米雪域，卧冰俯雪耐奇寒，傲雪绽放。沸水浸之，片刻红润剔透，清亮无浊，隐现红色脉络。香气浓郁幽雅，菊香四溢，余韵缭绕回长。浅茗低饮，口感香醇绵软。温而生津，久觉唇齿留香。

品称：雪菊特六
类别：保健茶
规格：2g*8 袋 *6 罐
净含量：96g
原料产地：新疆乌鲁木齐市
茶叶配料：昆仑雪菊
统一市场零售价：960.00 元

品称：雪菊特四
类别：保健茶
规格：2g*8 袋 *4 罐
净含量：64g
原料产地：新疆乌鲁木齐市
茶叶配料：昆仑雪菊
统一市场零售价：640.00 元

冲泡方法：

雪菊冲泡用玻璃杯器皿最佳，沸水浸浴 2—3 分钟，待汤色为绛红色即可饮用。当次饮后余 1/3，再次加入沸水，片刻后即可续饮。饮此茶，有一泡、二赏、三闻、四品之妙。

购买指南

实体店购买：品牌专卖店或茶百科实体店。
网络购买：shop.chabaike.cn 或品牌官方网站。
电话购买：茶百科服务热线 400-606-6060

高馬二溪®
GAOMAER'XI
天生好原料

高马二溪　　湖南省高马二溪茶业有限公司

企业文化：湖南省高马二溪茶业有限公司是在安化县人民政府为挖掘保护安化黑茶非物质文化遗产——“高马二溪”品牌的背景下而组建成立的，是安化黑茶首屈一指的标志性企业。公司生产基地位于风景秀丽的安化县高马二溪，精制加工厂位于安化县高新茶业开发区江南工业园，总资产逾 8000 万元，茶为国粹之饮，“千年黑茶出安化，高马二溪茶最佳”。作为安化黑茶极其文化的传承与推广者，公司在经营发展过程中始终坚持“敬重传统、崇尚自然、质量第一、诚信服务”的企业宗旨和“生态、优质、健康”的经营理念，为“弘扬黑茶文化造福人类健康”做贡献。公司本着“求真、诚信、合作、共赢”的发展理念与多家实力型经销商成功合作，达到广开销售渠道和建立知名度、美誉度的目的，为产品在茶业市场脱颖而出做好坚实的铺垫。

产地简介：高马二溪一带平均海拔八百米，广泛分布着七亿年历史之久的冰渍岩，原产茶叶肥大厚实，经络清晰，内含物质极为丰富，明洪武 24 年既列为贡茶，故有“天生好原料”之美誉，1953 年，毛泽东主席钦点湖南省委筹备两百担高马二溪优质安化黑茶作为赠送前苏联友人的高级茶礼。

产品年度简介：安化黑茶采用安化所产鲜叶经独特工艺制成，其色如铁，色泽黑润，被誉为“茶文化经典，茶叶历史浓缩，茶中极品，二十一世纪最佳健康之饮”。

品称：帝王茯茶（手筑茯砖）
类别：黑茶
规格：900g*1 块
净含量：900g
原料产地：湖南安化
茶叶配料：安化黑茶
统一市场零售价：1980.00 元

品称：将相福茶
类别：黑茶
规格：1500g*1 块
净含量：1500g
原料产地：湖南安化
茶叶配料：安化黑茶
统一市场零售价：1380.00 元

冲泡方法：

1. 投茶：将黑茶大约 15 克投入杯中，杯是泡黑茶的专用飘逸杯，它可以实现茶水分离，更好地泡出黑茶。
2. 冲泡：按 1:40 左右的茶水比例沸水冲泡，由于黑茶比较老，所以泡茶时，一定要用 100℃以上的沸水，才能将黑茶的茶味完全泡出。
3. 茶水分离：如果用杯冲泡黑茶，直接按杯口按钮，便可实现茶水分离。
4. 品茗黑茶：再将杯中的茶水倒入茶杯直接饮用即可。

购买指南

实体店购买：品牌专卖店或茶百科实体店。
网络购买：shop.chabaike.cn 或品牌官方网站。
电话购买：茶百科服务热线 400-606-6060

■ 全局红色 107X141CM

澜沧古茶

澜沧古茶有限公司

企业文化：澜沧古茶有限公司位于云南省普洱市澜沧县。公司以景迈万亩古茶园为依托，拥有高产优质茶园 5000 多亩，茶叶初制所 9 个（邦崴茶厂，芒景茶厂，竹塘云山一茶厂，竹塘云山二茶厂，富邦昔丙茶厂，东朗龙谭茶厂，木嘎哈卜吗茶厂，木嘎巴拉地茶厂和糯埂茶厂），年加工能力可达 3000 吨以上，是集种植、生产加工、销售为一体的综合性茶叶企业。公司前身是澜沧县古茶山景迈茶厂，始建于 1966 年。自成立以来，一直依靠县境内芒景景迈山的千年万亩古茶园和邦崴古茶树群为原料，凭借 40 余年的种茶、制茶经验和技术，生产纯正地道的普洱茶，其香独特，汤红明亮，品质优异。2005 年普洱市人民政府确定澜沧古茶有限公司为普洱茶产业龙头企业。

产地简介：2000 年公司“景迈古茶园”通过国际 BCS 公司有机茶园认证；由公司保护和管理的邦崴茶树王，树高 11.8 米，树幅宽 8.2×9.0 米，根茎处直径 1.14 米，是世界上首次发现最古老的野生型与栽培型间的过渡型大茶树。它的发现，对世界茶树起源和进化、良种选育、茶文化的发展具有十分重大的价值和意义。公司特别成立了以现任普洱市市长沈培平、云南农业大学茶学系副教授周红杰为首的专家组，对古茶树进行有效地管理和保护。

产品年度简介：柚子茶采用澜沧地区优质的普洱熟茶和西双版纳特有品种的柚子有机拼配而成，气味芬芳，酸甘适口，润喉清肺，化痰止咳，消食养颜。

品称：柚子茶

类别：花果茶

规格：6.6 克 / 片 20 片 / 盒

净含量：132g

原料产地：云南省普洱市澜沧县

茶叶配料：普洱熟茶

统一市场零售价：120.00 元

品称：007 大饼

类别：黑茶

规格： 357g/ 片

净含量：357g

原料产地：云南省普洱市澜沧县

茶叶配料：普洱生茶

统一市场零售价：70.00 元

冲泡方法：

1 . 分　量：置放相对于茶壶 2/5 的茶量；

2 . 水　温：100℃；

3 . 浸泡时间：约 10 秒至 30 秒；

4 . 冲泡次数：约 10 次。

购买指南

实体店购买：品牌专卖店或茶百科实体店。

网络购买：shop.chabaike.cn 或品牌官方网站。

电话购买：茶百科服务热线 400-606-6060

可以兴

勐海可以兴茶厂

企业文化：中国是茶的故乡，在这浩如烟海的历史长河中云南普洱茶是一条奔腾不息的支流，一直在流传并演绎着无数的传奇。每当人们在谈论响誉中外的云南普洱茶时，“可以兴”是一个怎么也绕不过去的话题。“可以兴” 始创于 1926 年，有着“砖中之王”的称号，是历史上唯一的“十两砖”创造者。在普洱茶历史上，经历了千年的风风雨雨，惟独留下来的十两砖实物标本，就是可以兴茶砖了。同时可以兴还是生茶砖的杰出代表，黑色普洱茶的标本。可以兴“十两砖”像是一件用时间雕刻的艺术瑰宝，它以卓越的品质散发着神秘的光彩。它不仅能让人回味、探索其文化内涵，更让很多的人能品味真正的历史“陈韵”。茶厂主要生产饼茶、砖茶、沱茶、柱茶、精品包装茶、散茶等数十个种类。可以兴茶厂视质量、信誉为生存的根本，在做足内功的同时严把质量关。“可以兴”系列普洱茶产品，均采用云南各大茶山原生态、无污染的古茶树所产茶叶为原料，秉承“可以兴”近百年传统制作工艺精心加工生产，严格杜绝污染，保证产品质量。“可以兴” 茶品具有汤色匀亮、香气浓郁、味道甘滑醇厚等特点，并具有消食健胃、减肥降脂、防止动脉硬化、防止冠心病、抗衰老、防抗癌、降血糖等功效，因而“可以兴”系列普洱茶一面市 即得到了广大爱茶人和收藏者的赞誉和收藏。可以兴的未来：在未来的日子里，可以兴人力求将传统普洱茶提升到更高层次，力求达到普洱茶完美境界。同时可以兴茶厂将紧紧抓住国盛茶兴的历史契机，以弘扬中华普洱茶文化为己任。在继承传统的同时不断发掘现有普洱茶的优良品质和文化内涵，为继续发扬“可以兴”老品牌风采而不懈努力，为海内外广大茶人创造出更多更好的普洱茶品。

产地简介：可以兴茶厂前身可以兴茶庄是云南最著名老字号之一，始建于 1926 年，至今已有近百年历史。茶厂以“秉承传统，诚信经营”为企业理念，经过多年的重新规划被赋予新的涵义，令“可以兴”得到了迅速的发展。企业品牌经过良好的运作如今产品遍布祖国海峡两岸三地、东南亚和欧美地区。品牌、产品深入人心，走进千家万户。成为云南西双版纳令人瞩目的茶叶生产经营企业。今天的可以兴茶厂不仅具有先进的加工设备和雄厚的技术力量，还能够集开发研制、加工生产、销售推广为一体。

产品年度简介：“可以兴”茶品具有汤色匀亮、香气浓郁、味道甘滑醇厚等特点，并具有消食健胃、减肥降脂、防止动脉硬化、防止冠心病、抗衰老、防抗癌、降血糖等功效，因而“可以兴”系列普洱茶一面市 即得到了广大爱茶人和收藏者的赞誉和收藏。

品称：1926g 坝卡竜古树金砖
类别：普洱茶
规格：1926g*1 盒
净含量：1926g
原料产地：坝卡竜茶区
茶叶配料：乔木古树生茶
统一市场零售价：8800.00 元

品称：易武贡饼
类别：普洱茶
规格：1000g*1 饼
净含量：1000g
原料产地：易武正山茶区
茶叶配料：乔木大树生茶
统一市场零售价：2680.00 元

冲泡方法：
取茶碗（最好是盖碗）选择 5 克左右（也就是一块巧克力大小）投入碗中，用高温沸水进行冲泡。第一次浸泡时间控制在 15 秒以内，不要喝要倒掉（叫洗茶）。然后再次注水，浸泡时间根据个人爱好而定，如果喜欢喝浓一点就多泡一会儿，喜欢淡一点就少泡一会儿。但最长的浸泡时间也不要超过 30 秒。

平利绞股蓝

平利玉草林（北京）商贸有限公司

企业文化：平利玉草林（北京）商贸有限公司为富硒绞股蓝龙须茶的市场开发商，是陕西平利绞股蓝基地的联营企业，公司营销推广总部设在北京，种植和生产基地位于有中国硒谷之称的陕西平利，公司致力于打造中国首个有机富硒绞股蓝第一品牌。玉草林品牌创立于 2008 年，2010 年通过国家工商总局注册认证，是陕西平利县知名品牌。玉草林是以厂家直销方式开拓市场销售。秦岭脚下安康平利县等地区已被列入中国绞股蓝原产保护地和第一个有机绞股蓝基地，在平利县政府的引领下平利玉草林绞股蓝茶厂迅速开展 10 年大开发，玉草林最先引入将绞股蓝市场化，产品化的思想，在进行了多种技术革新后，最先生产出符合人们饮用习惯的平利绞股蓝茶。玉草林南北征战 10 年，率先打入北京市场，在扩大平利绞股蓝影响力的同时，稳居京都宝地一举拿下全国市场，数十年来，玉草林始终把质量和服务放在第一，引领平利绞股蓝大规模发展，为绞股蓝在我国的普及做出了卓越贡献，至今，玉草林已当之无愧地成为中国绞股蓝第一品牌！

产地简介：中国国家地理标志保护产品 中国驰名商标——平利绞股蓝，中药材品种，陕西省平利县特产，中国国家地理标志产品，中国驰名商标。平利是绞股蓝的自然分布分化中心，有“绞股蓝故乡”之称，独特的区域小生态环境十分适宜绞股蓝的生长发育，是中国开发最早、规模最大的绞股蓝人工栽培基地县、国家绞股蓝标准化示范区。平利县绞股蓝产品以纯天然、无公害和富含微量元素走俏北上广等大城市、日本、新加坡等市场。大家知道平利绞股蓝是一种传统药食同源的植物，我国誉之为"第二人参"，在日本被称为"福音草"，在美国称之为"绿色金子"，东南亚地区称之为"健美女神"，在现代研究中其医药保健价值被世界看好。

产品年度简介：精选有着“中国硒谷”之称的陕西安康平利，天然富含硒等多种微量元素，选取正山海报 1600 米以上高山原生态有机基地茶园。玉草林致力于最纯正的平利绞股蓝原材料和最正宗的手工制作技术，打造中国首个富硒绞股蓝为基点：天然香味纯正、汤色碧绿透明、清香四溢、甘美爽口、回味无穷。更以它特的调理功效（调理三高、安神助眠、减肥胖、调节人体生理）获得广大消费者的亲睐，并有着“饮一杯绞股蓝茶，胜喝一盅参汤”的美誉。

品称：玉草林・茶赋
类别：保健茶
规格：220g/盒
净含量：220g
原料产地：陕西平利
茶叶配料：五叶平利绞股芽孢
统一市场零售价：1988.00元

品称：秦之健・富硒绞股蓝三桶装
类别：保健茶
规格：3桶*100克/盒
净含量：300g
原料产地：陕西平利
茶叶配料：平利绞股嫩芽
统一市场零售价：386.00元

冲泡方法：

1. 初次应少量饮用

初次饮用绞股蓝茶最好少量饮用，等身体适合后可以加量。要保证自身舒适，没有异常反应。

2. 泡茶的水要烧开

因为绞股蓝中所含的皂甙，熔点较高。要在90℃以上的高温下溶解。热开水既能让绞股蓝的有效成分充分浸出，又能保持茶色和良好的口感。

3. 不要把头茶倒掉

绞股蓝茶不同于传统茶，第一次泡的茶中有大量的气泡外冒，这个气泡便是绞股蓝的有效成分——皂甙。常饮有益健康，无任何副作用。

4. 不要喝隔夜的茶

绞股蓝味苦、味甘、性凉。不建议早上空腹饮用。

购买指南

实体店购买：品牌专卖店或茶百科实体店。
网络购买：shop.chabaike.cn 或品牌官方网站。
电话购买：茶百科服务热线 400-606-6060

陆羽会

陆羽国际集团

企业文化：陆羽国际集团承载陆羽《茶经》的精神和技艺，携陆羽研究会数十年的专业研究，以传统精髓、全球眼光、苛求的标准、敬畏的态度，依地理，循天数、视节气、精心培育和挑选“陆羽品质的茶叶”，以最纯正优质、最体贴宜人、最怡养身心的所有陆羽会的茶，国际品质认证，按季节新鲜出品，必为全球特级精选。“陆羽会”秉承“名家选名家”之理念，汲取传统智慧，采用国际标准，精心挑选国内外、公司内外原产地茶王名家，携手陆羽会名家“十大名茶系列”。诸多原产地名茶的最具独特传世茶技的茶王名家，均以进入陆羽会，当选陆羽会当以特级精选和陆羽名家品牌之列为荣。

产地简介：陆羽会所有产品，来自公司在斯里兰卡合作基地、高地（High Grown）产区最富盛名的金奖及英国女王银禧大典选用茶庄。款款产品纯手工采摘顶端茶树芽叶，按传统工艺精制而成。斯里兰卡是世界有机茶叶著名产区，茶农通过种植特殊花卉治理茶树上的虫害。

产品年度简介：果茶原料来自陆羽会在斯里兰卡合作基地，高地产区最富盛名的的金奖及皇室选用茶庄，配之以天然果粉和实物干果肉。除去一般红茶功效外，增强钙质，补充维生素 C，现代时尚和精致滋养兼得，尤为年轻人和注重养生人士喜爱。

品称：红双喜果茶
类别：果茶
规格：60g*2 罐
净含量：120g
原料产地：斯里兰卡合作基地
茶叶配料：红茶、果干
统一市场零售价：988.00 元

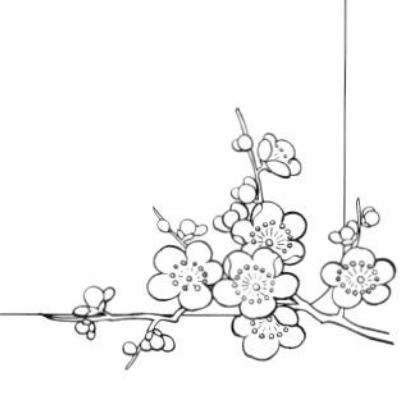

品称：三喜临门皇家茶
类别：红茶
规格：60g*3 罐
净含量：180g
原料产地：斯里兰卡合作基地
茶叶配料：原装进口斯里兰卡红茶
统一市场零售价：1888.00 元

冲泡方法：

1. 一杯份需要茶匙 1 满匙（约 3 克）。
2. 将煮沸到 90-100℃的开水倒入壶中，使茶叶充分翻动。
3. 盖上杯盖，开始浸泡。根据茶叶条形大小、紧疏、厚薄，以及个人口味浓淡掌握泡茶时间。一般在 2 分钟左右。
4. 将茶杯打开，一杯纯正的茶就泡好了。

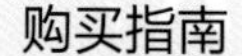

购买指南

实体店购买：品牌专卖店或茶百科实体店。
网络购买：shop.chabaike.cn 或品牌官方网站。
电话购买：茶百科服务热线 400-606-6060

馨宝树

屏南如来春茗茶开发有限公司

企业文化：屏南如来春茗茶开发有限公司创办于 2005 年 4 月 28 日，立志于有机茶，无公害茶种植，名优茶研制开发并加工生产，以诚信直销为主的一体化现代管理企业，

产地简介：公司位于福建省东北部屏南县的鹫峰山脉中部（海拔 930 米 –1627 米），现拥有近千亩以有机茶基地为基础的无公害茶叶基地，开发研制低碳、环保、绿色的"鹫山一号工夫茶"。鹫峰山脉平均海拔 1300 米，最高峰点辰山海拔 1627 米；属亚热带海洋性季风气候，冬无严寒，夏无酷暑，昼夜温差大，雨量充沛，云雾缭绕，具有明显的高山气候特点；土质深厚肥沃，是茶叶生长的最佳环境。公司主打产品：工夫红茶、云雾绿茶、高山乌龙茶。

产品年度简介：鹫山一号工夫茶是由屏南如来春茗茶开发有限公司种植、生产的高山云雾茶。该茶香高水甜，制作上乘，是茶中佳品。

品称：鹫山一号功夫红茶
类别：红茶
规格：50g*6 盒
净含量：300g
原料产地：福建宁德
茶叶配料：小种红茶
统一市场零售价：1848.00 元

品称：老茶友
类别：红茶
规格：75g*2 盒
净含量：150g
原料产地：福建宁德
茶叶配料：红茶
统一市场零售价：1078.00 元

冲泡方法：
95-100℃洁净开水，紫砂器皿为佳。

萧氏　　　　　　　　宜昌萧氏茶叶集团有限公司

企业文化：宜昌萧氏茶叶有限公司成立于 1999 年，主要经营茶叶销售，2005 年组建“宜昌萧氏集团”，变更为“宜昌萧氏茶叶集团有限公司”。公司于 2007 年起进入中国茶叶行业百强，2009 年进入二十强，2011 年居中国茶叶行业第五位，连续四年居湖北省首位，2009 年，“萧氏”荣膺“中国驰名商标”，是国家农业产业化重点龙头企业、全国农产品加工业示范企业。宜昌萧氏集团是湖北省首家集茶叶生产、加工、销售、科研为一体，跨农特产品、茶叶精深加工、商贸、物流、品牌策划多领域的茶产业集团公司。集团下属企业十四家，其中中日合资企业三家，下设茶叶加工厂 70 家，直接辐射标准化茶叶基地 30 万亩，带动宜昌四县两区茶农 20 万人，按照“茶农员工”管理理念，落实订单收购合同，带动区域茶农收入持续稳定增长。“萧氏”系列产品以“绿色、洁净、健康”为主题，先后荣获中国国际博览会金奖、湖北消费者满意商品、消费者喜爱十大名茶、湖北十大名茶、湖北名牌产品、湖北十大名牌农产品、世界绿茶大会金奖等荣誉。

产品年度简介：外形如松针，汤色嫩绿鲜亮，栗香高长持久，滋味鲜醇爽口。

品称：萧氏毛尖（贡芽）

类别：绿茶

规格： 48g*4 罐

净含量：192g

原料产地：湖北宜昌

茶叶配料：毛尖

统一市场零售价：90.00 元

品称：萧氏毛尖（特级贡芽）

类别：绿茶

规格：48g*4 罐

净含量：192g

原料产地：湖北宜昌

茶叶配料：毛尖

统一市场零售价：135.00 元

冲泡方法：

按 1:50 的茶与水的比例取适量茶叶于茶具中，注入 90℃温开水于 1/3 的容量浸润约 1 分钟后摇动数秒，添加温开水至容量的 2/3 后即可饮用，饮至 1/3 时再添加。反复添饮。

购买指南

实体店购买：品牌专卖店或茶百科实体店。

网络购买：shop.chabaike.cn 或品牌官方网站。

电话购买：茶百科服务热线 400-606-6060

金峰悠茗

凤庆县红河茶业有限责任公司

企业文化：凤庆县红河茶业有限责任公司成立于2003年，产品注册商标为“金峰悠茗”。公司入驻凤庆县滇红生态产业园区，2012年建成云南第一条年产3000吨红条茶智能化清洁化生产线，使公司步入应用先进技术生产红条茶的行列。公司在2006年通过QS认证，2010年通过绿色有机食品认证，2011年公司产品注册商标“金峰悠茗”被评为云南省著名商标。

产地简介：凤庆县红河茶叶生产基地位于风光秀丽的滇红原产地——云南凤庆，这里平均海拔1800米左右。气候温和，常年云雾弥漫，雨量充沛，土壤理化性能好，具有利于茶树生长的得天独厚的地理环境和自然生态条件。

产品年度简介：凤祥金丝滇红精选凤庆大叶种细嫩原料精制，条索紧直肥壮，金毫显露、茶汤红浓色艳，香气馥郁持久，滋味浓厚鲜爽。

品称：金峰礼品滇红茶
类别：红茶
规格：5g*5 袋 *4 盒
净含量：100g
原料产地：云南临沧
茶叶配料：云南凤庆大叶种茶滇红
统一市场零售价：1000.00 元

品称：凤祥金丝滇红茶
类别：红茶
规格：5g*10 袋 *5 盒
净含量：250g
原料产地：云南临沧
茶叶配料：云南凤庆大叶种茶滇红
统一市场零售价：1190.00 元

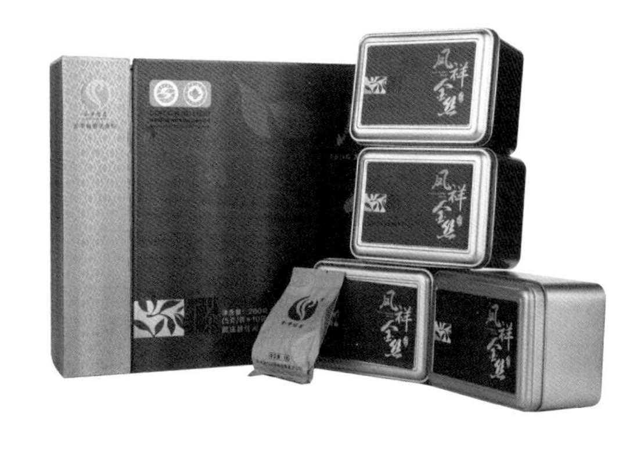

冲泡方法：
1. 一杯份约需 1 满茶匙茶叶（约 3 克）。
2. 将 90-100℃的开水倒入杯中，使茶叶充分的翻动。
3. 盖上杯盖，开始浸泡。根据茶叶以及个人口味浓淡掌握泡茶时间。
4. 冲泡时间一般在 2 分钟左右。稍候，便可品饮。

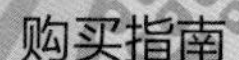

购买指南
实体店购买：品牌专卖店或茶百科实体店。
网络购买：shop.chabaike.cn 或品牌官方网站。
电话购买：茶百科服务热线 400-606-6060

珠峰冰川

西藏珠峰冰川水资源开发有限公司

企业文化：西藏珠峰冰川水资源开发有限公司是在党的好政策的指引下，在西藏自治区党委和政府的长期关心下，在有关职能部门的指导和帮助及金融部门和社会各界的大力支持下，于2006年注册成立，是西藏国有企业和民营企业合作的成功的典范，也是解决了当地农牧民贫困户的脱贫和子女就业的企业典范。西藏珠峰冰川水资源开发有限公司是西藏自治区“十二五”重点项目之一矿泉水的开发企业，是西藏高原特色绿色产业企业，是拥有珠穆朗玛地区的饮用水唯一开发权的企业，是牵头成立了西藏自治区矿泉水协会和西藏自治区珠峰冰川珠穆朗玛环保基金会的企业，也是西藏自治区参与2010年上海世博会支持合作企业。

产地简介：珠峰冰川水源地泉眼位于西藏日喀则地区定日县岗嘎镇——珠穆朗玛峰国家自然保护区内，距离珠峰大本营80km，日自涌量38000吨，属特大深层自涌型泉眼，水源补给主要来自冰川自然消融，水质水量水温四季稳定，是世界罕见的珍稀冰川天然矿泉水水源。企业建立了水源地双重保护设施，确保水源安全和产品的原生品质，同时也达到了与自然的和谐。

产品年度简介：五大天然特征：1. 来自海拔8844米珠穆朗玛峰；2. 水龄16500±150年；3.−143‰ ±2‰低氘水；4. 小于72Hz小分子团水；5. 弱碱性锂锶复合型水。两大先进工艺：1. 国际先进非臭氧双重杀菌工艺，无溴酸盐；2. 内盖物理方法解决瓶内外大气压差，未添加液氮。珠峰国家自然保护区水源地灌封装。

品称：珠峰冰川自涌天然活水
类别：泡茶水
规格：5L/ 箱
净含量：5L
原料产地：西藏日喀则地区定日县岗嘎镇
配料：天然矿泉水
统一市场零售价：78.00 元

品称：珠峰冰川自涌天然矿泉活水
类别：泡茶水
规格：333ml*1 瓶
净含量：333ml
原料产地：西藏日喀则地区定日县岗嘎镇
茶叶配料：天然矿泉水
统一市场零售价：11.80 元

饮用方法：
开封即可饮用。

茗正轩® 安吉白茶

茗正堂

北京茗正堂商贸有限公司

企业文化：本茶行位于北京宣武区“京城茶叶第一街”马连道12号清溪茶城大门口南侧，成立于2002年4月，经过几年的奋斗拼搏，在同行中已树起较好口碑，连续多年被评为“诚信商户”。本茶行主要经营：“茗正轩”牌安吉白茶、“梅龙虎”牌西湖龙井、“金隆源”牌安溪铁观音、普洱茶和茉莉花茶。本茶行以“货真价实、薄利多销”为宗旨，始终坚持“诚信经营、童叟无欺”，对待客人就像老朋友一般，亲切、自然。我们努力营造一种宾至如归、祥和温馨的氛围，使大家在品茗之余身心得到充分的舒展与放松。我们竭诚为新老客户提供优质服务。

产地简介：安吉县，位于浙江省北部，这里山川隽秀，绿水长流，是中国著名的竹子之乡。安吉白茶，为浙江名茶的后起之秀。白茶为六大茶类之一。但安吉白茶，是用绿茶加工工艺制成，属绿茶类，其白色，是因为其加工原料采自一种嫩叶全为白色的茶树。

产品年度简介：安吉白茶，为浙江名茶的后起之秀。白茶为六大茶类之一。但安吉白茶，是用绿茶加工工艺制成，属绿茶类。其白色，是因为其加工原料采自一种嫩叶全为白色的茶树。900年前，宋徽宗在《大观茶论》中写道：“白茶与常茶不同。其条敷阐，其叶莹薄，虽非人力所可致。

品称：茗正堂安吉白茶
类别：绿茶
规格：50g*4 罐
净含量：200g
原料产地：浙江安吉
茶叶配料：安吉白茶
统一市场零售价：1880.00 元

品称：茗正堂安吉白茶（白盒）
类别：绿茶
规格：50g*5 罐
净含量：250g
原料产地：浙江安吉
茶叶配料：安吉白茶
统一市场零售价：1888.00 元

冲泡方法：
80℃左右水温，高口玻璃杯为佳。

购买指南
实体店购买：品牌专卖店或茶百科实体店。
网络购买：shop.chabaike.cn 或品牌官方网站。
电话购买：茶百科服务热线 400-606-6060

跃华茶厂

四川蒙顶山跃华茶业集团有限公司

企业文化：四川蒙顶山跃华茶业集团有限公司，位于蒙顶山山麓，是中华全国供销合作总社农业产业化龙头企业，四川省农业产业化重点龙头企业，四川省扶贫龙头企业，全国茶叶行业百强企业。四川蒙顶山跃华茶业集团有限公司的茶园基地管理、产品质量控制、包装品牌设定，都在努力地向国际标准看齐。未来，跃华牌蒙顶山系列茶，将更上一层楼，以崭新的面貌，向国内外茶友奉献一杯尽善尽美的好茶。

产地简介：公司以“公司 + 基地 + 合作社 + 农户”的模式，建立绿色食品茶园基地，是四川省首家实施绿色食品质量安全追溯的茶业企业，实现了产品的可追溯。2010 年 1 月 17 日，雅安跃华黄茶研究所正式挂牌，标志着四川省首个以研究蒙顶山黄芽为对象的专业研究机构即日成立，亦是全国唯一的一个黄茶研究机构。雅安跃华黄茶研究所的成立，致力于对蒙顶山茶加工以及品质提高的研究，尤其是对蒙顶山黄芽的研究。在研究所全体人员的努力下，研究所顺利取得了“一种蒙顶山黄茶的生产方法”的专利证书。此外，研究所关于“高温热风动态脱水高香绿茶生产工艺研究”被认定为四川省重点技术创新项目。

产品年度简介：国茶名品 / 黄茶之尊，蒙顶山黄芽为中国十大名茶之一，是全球唯一保留“闷黄”工艺的黄茶，为蒙顶山茶之极品。蒙顶山黄芽，做工精细，原料采用明前全芽头，所制成品，其外形扁直，色泽微黄，芽毫毕露，甜香浓郁，汤色黄亮，滋味甘醇。

品称：黄芽（黄芽木盒）
类别：黄茶
规格：3g*72 袋
净含量：216g
原料产地：四川蒙顶山
茶叶配料：黄芽
统一市场零售价：2580.00 元

品称：黄芽（黄芽铁盒）

类别：黄茶

规格：3g*34 袋

净含量：102g

原料产地：四川蒙顶山

茶叶配料：黄芽

统一市场零售价：568.00 元

品称：黄芽（黄芽木盒）
类别：黄茶
规格：4g*40 袋
净含量：160g
原料产地：四川蒙顶山
茶叶配料：黄芽
统一市场零售价：1680.00 元

冲泡方法：

80-90℃水温，玻璃杯器皿为佳。

购买指南

实体店购买：品牌专卖店或茶百科实体店。
网络购买：shop.chabaike.cn 或品牌官方网站。
电话购买：茶百科服务热线 400-606-6060

春日梅月

春日梅月有限公司

企业文化：春日梅月主做福鼎白茶，福鼎白茶具有地域唯一，工艺天然，和功效独特等特性，中医药理证明，白茶性凉，清热降火，消暑解毒，具有治病之功效。2008 年六月，通过对福鼎白茶认真细致的考察和研究，中国国际茶文化研究会学术部主任姚国坤教授等七位国内著名茶叶专家一致达成“福鼎白茶共识”，全国政协委员，全国供销商合作总社杭州茶叶研究院院长，国家茶叶质量监督检测中心主任骆少，君研究员也一再呼吁重视发展白茶，她说“不仅美国，瑞典斯德哥尔摩医学研究中心的研究也表明，白茶杀菌和消除自由基作用很强，30 年前我就极力推介白茶，今天更要大声呼吁”。

产地简介：福鼎白茶所独具的特点，也得到许多专家的认可。2008 年 6 月，通过对福鼎白茶认真细致的考察和研究，福鼎白茶独特之处在于：一是源于福鼎，文化丰厚，福鼎白茶栽培历史悠久，是白茶之王——白毫银针的发祥地；二是品质优异，康体养颜；三是创新发展，前景广阔，能够满足人们对健康生活的日益追求。

产品年度简介：精品茶礼，减肥降脂，防止动脉硬化，高血压，也有一定的抗衰老功效。

品称：普洱青瓷茶具组合
类别：普洱茶具组合
规格：长 22.5 宽 22 高 20
净含量：357g
原料产地：云南勐海
茶叶配料：云南大叶种晒青毛茶
统一市场零售价：498.00 元

品称：白茶旅行茶具
类别：旅行茶具，野生白茶饼
规格：长 38 宽 27 高 9
净含量：357g
原料产地：云南勐海
茶叶配料：云南大叶种晒青茶
统一市场零售价：520.00 元

冲泡方法：

取茶碗（最好是盖碗）选茶 5 克左右（也就是一块巧克力大小）投入碗中，用高温沸水进行冲泡。第一次浸泡时间控制在 15 秒以内，不要喝要倒掉（叫洗茶）。然后再次注水，浸泡时间根据个人爱好而定，如果喜欢喝浓一点就多泡一会，喜欢淡一点就少泡会儿。但最长的浸泡时间也不要超过 30 秒。

购买指南

实体店购买：品牌专卖店或茶百科实体店。
网络购买：shop.chabaike.cn 或品牌官方网站。
电话购买：茶百科服务热线 400-606-6060

君山　　湖南省君山银针茶业有限公司

企业文化：湖南省君山银针茶业有限公司是集茶叶科研、种植、加工、销售、茶文化传播于一体，融产供销、贸工农一体化的现代化科技型企业。是"国家级农业产业化重点龙头企业"湖南省茶业有限公司和湖南省岳阳市供销合作社、君山公园等单位共同组建的现代化科技型企业。公司投资3000多万元整合君山茶业资源，现已取得君山公园茶场的独家经营权，拥有15万多亩"君山"名优茶生产基地；300多个"君山"名茶示范专卖店；1000多家加盟专卖店；10000多个经营网点；一个国际茶文化研究中心；一个市级茶叶研究所；一支君山银针艺术团。2011年，公司各参股49%与岳阳市旅游发展有限公司合资成立岳阳市最大规模的旅行社——"洞庭之恋旅行社"和"岳阳市旅游商品开发有限公司"；同年，公司在岳阳市君山区旅游路南端计划总投资1.58亿元，兴建占地100亩的"君山银针黄茶产业园"，预计于2013年内建成投产。

产地简介：君山茶业计划总投资1.58亿元，在风景秀丽的环洞庭湖君山旅游经济开发区，建设集产、学、研、生产观赏、茶文化宣传与交流于一体的黄茶产业（工、贸）物流园。园区占地110.7亩，总建筑面积近57000平方米。园区由黄茶研究中心、黄茶文化中心、生产加工中心、物流配送中心、商务信息平台、生活服务中心等组成。

产品年度介绍：君山银针选用君山银针优质生态基地一芽一叶和一芽二叶初展鲜叶原料，经过12道工序秘制。条索紧细，香气馥郁，滋味甜醇，叶底嫩匀，富含茶黄素、茶多酚、氨基酸、可溶糖、维生素等丰富营养物质，对防治食道癌有明显功效。

品称：君山皇袍
类别：黄茶
规格：50g/ 包 *4 盒
净含量：200g
原料产地：湖南岳阳
茶叶配料：君山黄茶
统一市场零售价：1416.00 元

品称：君山银针老君眉（精装）
类别：黄茶
规格：80g*2 罐
净含量：160g
原料产地：湖南岳阳
茶叶配料：君山黄茶
统一市场零售价：2376.00 元

品称：君山银毫
类别：黄茶
规格：50g*4 盒
净含量：200g
原料产地：湖南岳阳
茶叶配料：君山黄茶
统一市场零售价：811.00 元

品称：君山银针
类别：黄茶
规格：25g*6 罐
净含量：150g
原料产地：湖南岳阳
茶叶配料：君山黄茶
统一市场零售价：478.00 元

品称：君山黄袍
类别：黄茶
规格：50g*4 盒
净含量：200g
原料产地：湖南岳阳
茶叶配料：君山黄茶
统一市场零售价：358.00 元

冲泡方法：
冲泡君山银针要用玻璃杯冲泡，先将少量的沸水冷却至 90℃，根据个人口味放入茶叶适量，泡 30 秒至 1 分钟，用壶冲水至八分满，待 2 至 3 分钟即可饮用，饮用后留 1/3 水量以便第二泡。玻璃杯冲泡君山银针，可观赏到茶芽先竖浮于水面，如“万笔书天”。茶在开水冲泡下，茶芽尖出现晶莹的小气泡，如“雀舌含珠”，而后茶上下三起三落，甚为奇观。

三湖香

北京三湖香商贸有限公司

企业文化：北京三湖香商贸有限公司位于北京市宣武区马连道茶叶总公司市场 032-033 号，公司自成立以来致力于发展中国茶文化，经营范围有茶叶加工、销售为一体，茶器具、工艺礼品、文化演出；主要业务有酒店餐饮茶艺合作、茶叶茶具配送、茶艺馆策划运行、茶道表演服务、茶艺培训、字画销售、工艺品销售、古筝表演、川剧变脸、长嘴壶杂技表演等服务。公司茶水合作的有全聚德餐饮集团、小南国餐饮集团等多家大型餐饮企业。在京城同行业中我公司有很强的竞争优势和较高知名度。

产地简介：三湖香商贸有限公司与浙江、福建、云南等地数十家茶厂建立长期战略合作伙伴关系，确保货源的品质与稳定性，每款茶均有原产地证明、质量检测报告等相关文件。

产品年度简介：公司生产的浓香型铁观音叶底带有余香，可经多次冲泡。茶性温和止渴生津，温胃健脾。

品称：我客铁观音
类别：乌龙茶
规格：112g*3 盒
净含量：336g
原料产地：福建安溪
茶叶配料：安溪铁观音
统一市场零售价：444.00 元

品称：三湖香铁观音
类别：乌龙茶
规格：7g*38 袋
净含量：226g
原料产地：福建安溪
茶叶配料：安溪铁观音
统一市场零售价：4800.00 元

冲泡方法：
90-100℃水温，紫砂器皿为佳。

弘建

北京弘建茶器公司

企业文化：北京弘建茶器公司成立于 1998 年，总部设在北京。是以研发、设计、生产、销售为一体的综合性企业。下属多家工厂，多个产业品牌，公司在全国的各大中型城市都有自己的营销机构。公司具有良好的文化底蕴，以现代的管理模式，融合科学的生产技术，在传统和现代相结合的基础上，使茶具更具人性化，更健康、更环保。我们始终如一地坚持诚信、平等、尊重、互利的原则，期待与更多海内外同仁建立长久友好的合作关系，与我们携手并进、共铸辉煌。弘建茶器——有弘茶建器之意。同时与陆羽字“鸿渐”谐音，陆羽被称为“茶仙”，尊为“茶圣”，祀为“茶神”，也表达了弘建立志于传播中国传统茶文化的坚定道路，打造中国茶企业第一品牌的企业目标。弘建 logo 采用最稳固的三角形，立志成为百年企业。坚持贯彻“诚信、尊重、快乐”的企业文化。选用中国红为 VI 主色调，传达弘建传播中国传统茶文化的企业定位。 有超过百万人在使用弘建茶器产品，产品远销欧美、东南亚、日韩等国家。

产地简介：北京弘建茶器公司下属多家工厂，多个产业品牌，公司在全国的各大中型城市都有自己的营销机构。

产品年度简介：选用健康安全的食品级顶级玻璃材质，耐高温玻璃可承受的瞬间温差达到 140℃。全手工制作抗腐蚀、耐磨损、易清洗。观简约时尚，高度透明。羊脂韵，瓷质坚韧、纯净。细腻如脂、温润和馨。

品称：玉玻瓷易泡功能搭档－龙把（六色）
类别：茶具
规格：玉玻瓷马克杯一只、冰雕玉瓷斗茶器一只、茶巾一条
统一市场零售价：298.00 元 / 套

品称：玉玻瓷吉祥三宝搭档（六色）
类别：茶具
规格：玉玻瓷弘康马克杯一只、冰雕玉瓷斗茶器一只
统一市场零售价：288.00 元 / 套

购买指南
实体店购买：品牌专卖店或茶百科实体店。
网络购买：shop.chabaike.cn 或品牌官方网站。
电话购买：茶百科服务热线 400-606-6060

厚德福

厚德福茶业有限公司

企业文化：厚德福茶业在北京已经营二十多年，始终坚持质量第一，顾客至上。在浙江、云南、广西、福建等茶叶产地建立了自己的基地，拥有有机茶茶园800亩，高级评茶师2名，高级评茶员2名，中级茶艺师5名。秉从茶叶源抓起，保证茶叶质量，使其茶叶为无公害、无污染的放心茶。公司主要经营高档名茶如：西湖龙井、碧螺春、安吉白茶、普洱茶、铁观音等各类名茶200余种，其茶叶特点香气高、滋味鲜爽醇厚、回味甘甜、汤色清澈明亮，并在国内同行具有较高知名度。北京厚德福茶业公司万树春品牌在2001年全国优质茉莉花茶（大白毫）质量评比中获得银奖、全国优质茉莉花茶（小白毫）质量评比中获得铜奖；2007年获得世界绿茶大会（日本）绿茶评比中国区选样会暨“蓝天玉叶”杯全国名优绿茶评比“金、银奖”；2009年本公司“白茶仙子”获得金奖，同年 “恒天杯”全国名优绿茶评比其选送的“双龙银针”获得金奖，并在中国世纪大采风被授予全国茶叶营销诚信单位；2010年在全国中小企业商会荣获先进企业示范单位称号。

产地简介：北京厚德福茶业有限公司重视企业管理，不断加强企业产品的科技含量，使“万树春”牌产品在国内多次获得金奖、银奖及优质奖项，产品远销东南亚地区及欧洲各国。公司负责人诸葛秀芳女士为国家高级评茶员、北京市浙江企业商会常务理事、中国科社民间经济与社会发展委员会常务理事、北京市宣武区工商联理事。厚德福茶业公司一直矢志不渝坚持“求精、求信、求实”的经营理念，追求现代化企业管理模式，以满足顾客需求为己任，努力把企业做精、做大、做强，沿着可持续发展的道路走向更加辉煌的未来。

产品年度简介：狮峰龙井茶艺操作时变化多端，令人叫绝。品尝时多用玻璃杯或盖杯，水温85℃冲泡，汤色碧绿明亮，香馥如兰，滋味甘醇鲜爽，向有“色绿、香郁、味醇、形美＂四绝之誉。

品称：厚德福普洱
类别：黑茶（普洱茶）
规格：357g*1 饼
净含量：357g
原料产地：云南勐海
茶叶配料：大叶种乔木
统一市场零售价：480.00 元

品称：敲门砖
类别：黑茶（普洱茶）
规格：250g*1 块
净含量：250g
原料产地：云南
茶叶配料：云南大叶种
统一市场零售价：580.00 元

品称：狮峰龙井
类别：绿茶
规格：500g*1 包
净含量：500g
原料产地：浙江杭州西湖产区
茶叶配料：细嫩茶芽
统一市场零售价：5900.00 元

冲泡方法：
绿茶水温 80℃左右，高口玻璃杯为佳。
黑茶水温 90-100℃，紫砂器皿为佳。

购买指南
实体店购买：品牌专卖店或茶百科实体店。
网络购买：shop.chabaike.cn 或品牌官方网站。
电话购买：茶百科服务热线 400-606-6060

寿源活泉

广西凤山荣事达饮料食品有限责任公司

企业文化：广西凤山荣事达饮料食品有限责任公司创建于2010年，投资8000余万元，年产水量达50万吨，公司采用世界最先进的德国饮用水检测、灭菌、瓶装生产线，在水源地灌装生产，让寿源活泉产品实现了零污染、原生态的完美保障。

寿源活泉生产基地位于广西巴马长寿之乡的上游，凤山县世界地质公园海拔1088米分水岭凤栖岭山顶自然涌出的活泉泉眼处，周围有20公里的原始森林无人区，森林覆盖面积达95%以上，受到国家特定保护，特殊的地质构造及良好的地理环境造就了优质的水源。寿源活泉水源所在地区百岁老人占总人口比例为世界之冠，是名副其实的长寿之源。亿万年的喀斯特岩溶地貌孕育出独特的水质，寿源活泉富含多种矿物质及微量元素，水质清澈如玉，口感清爽甘甜，软硬适度，是稀有的天然弱碱性小分子团矿物质活性水。科学研究表明，只有小分子团水才能通过2纳米的人体细胞离子通道，进入细胞核和DNA，活化细胞酶组织，激发生命活力，而其他自来水、纯净水都无法通过离子通道进入细胞内。寿源活泉天然活泉水正是这样一款不可多得的健康之水、生命之水。公司按高标准要求严格管理，实现规范化、科学化、人性化。并先后通过了ISO1400：2004环境管理体系认证、OHSAS1800职业健康管理体系认证、ISO22000：2005食品安全管理体系认证、ISO9001：2008质量管理体系认证。寿源活泉将一直精于品质，忠于客户，用一流的产品，周到的服务，规划现在，策划未来，以追求卓越，追求创新的开拓精神，打造最具影响力的中国高端水品牌，并带着合作同仁、加盟伙伴共同走向更加辉煌的明天。

产地简介：寿源活泉水源自世界长寿之乡巴马盘阳河水源头，是2亿多年的喀斯特地貌形成的天然熔岩山泉水，泉水经地下熔岩层层过滤，携带丰富的有益矿物质和微量元素。泉眼在厂区保护之内，良好的气候和地理环境及生产过程使用先进的全自动生产灌装设备，确保灌装材料的高品质和生产过程中的零污染。寿源活泉水具有很强的抗氧化性，能清除氧自由基，延缓皮肤衰老，起到护肤、美容养颜的作用。寿源活泉水的口感极为柔和、圆润、甘甜，蕴含锶、偏硅酸等稀有矿物质，并含有钙、镁、钠、钾等多种对人体非常有益的矿物质成份，属于复合型的纯天然熔岩山泉水。当地高强度地磁将寿源活泉水磁化，磁化水对各种结石病、胃病、高血压、糖尿病及感冒等均有一定的疗效。寿源活泉水在地磁作用及远红外线作用下，形成小分子团水。 科学鉴证，只有小分子团水才能通过只有2纳米的亲水通道，进入细胞、激活细胞酶系统，活化组织细胞，促进微循环，提高机体免疫力，有利于健康长寿。寿源活泉水呈天然弱碱性，可以调节身体的酸碱平衡，改善酸性体质。弱碱性水对身体疲乏、记忆力衰退、注意力不集中、腰酸腿疼有一定的缓解作用，同时能起到维护体液平衡、防便秘、对皮肤健美的作用。

产品年度简介：零污染、纯天然抗氧化性、富含多种矿物质、磁化水、小分子团水、天然弱碱性，有维护体液平衡、防便秘、对皮肤健美的作用。

品称：寿源活泉
类别：泡茶水
规格：4.5L*1 桶
净含量：4.5L
统一市场零售价：68.00 元

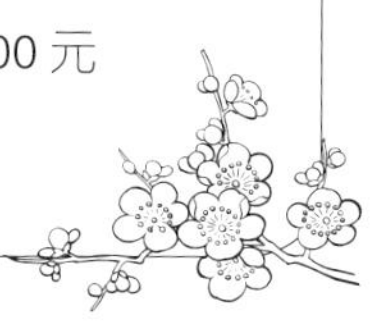

品称：寿源活泉
类别：泡茶水
规格：400ml*1 瓶
净含量：400ml
统一市场零售价：20.00 元

冲泡方法：
开封即可饮用。

购买指南
实体店购买：品牌专卖店或茶百科实体店。
网络购买：shop.chabaike.cn 或品牌官方网站。
电话购买：茶百科服务热线 400-606-6060

芬吉茶业

芬吉茶业有限公司

企业文化：芬吉茶业有限公司于2011年9月在国家工商总局核名通过，2012年3月正式取得营业执照，注册资金5000万元人民币，是中国第一家以经营“年份茶”为主营方向的专业茶企。芬吉公司所有茶叶产品的原材料均选自天然无污染茶园，经过专业加工、精心储藏，年份茶口感出众、香气宜人，内含营养物质非常丰富。芬吉茶业公司的所有产品均获得了国家食品安全QS生产许可，并通过农业部茶叶质量监督检验测试中心检验合格，确保符合国家安全标准。

芬吉茶业有限公司名下拥有“芬吉茶”和“又一壶”两大品牌，公司着眼于未来茶饮市场，尊重自然，传递“自然芬芳，健康吉祥”的全新茶饮理念。

产品年度简介：年份茶，可以说是中国茶中的贵族，除了绿茶讲究新鲜外，黑茶（以普洱茶为代表）、白茶（以福鼎白茶为代表）、乌龙茶、红茶等种类的茶叶均可长期存放，而且随着存放时间的变化，滋味会变得更加醇厚，如同法国好的葡萄酒，年份茶的价值也随着存放时间的增加而不断提升。

品名：B64 /2013 年份红茶（滇红口感）
类别：红茶
规格：3g*8 泡
净含量：24g
原料产地：云南凤庆
茶叶配料：云南大叶种
统一市场零售价：58.00 元

品名：W75/2013 年份白茶（白牡丹）
类别：白茶
规格：5g*22 泡
净含量：110g
原料产地：福建福鼎
茶叶配料：白茶白牡丹
统一市场零售价：268.00 元

品名：O95/2013 年份乌龙（武夷岩茶）
类别：乌龙茶
规格：8g*20 泡
净含量：160g
原产地：福建武夷山
茶叶配料：武夷岩茶
统一市场零售价：368.00 元

品名：M488 冬（2011 台湾高山碳焙乌龙茶）
类别：乌龙茶
规格：70g*3 罐
净含量：210g
原产地：台湾鹿谷乡
茶叶配料：台湾乌龙
统一市场零售价：1680.00 元

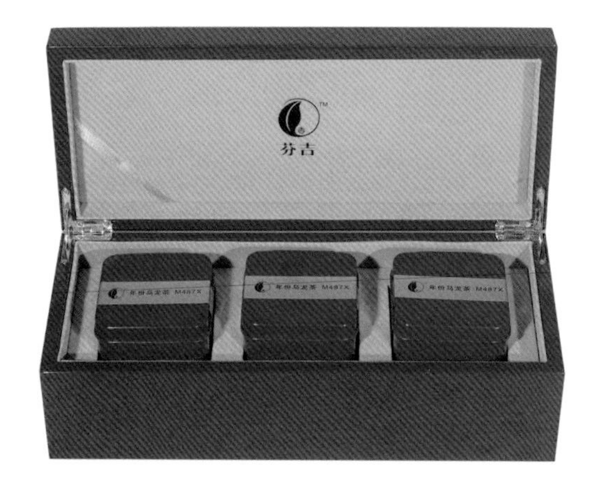

品名：70 年代老六安
类别：黑茶
规格：1 罐
净含量：250g
原产地：安徽六安
茶叶配料：老六安茶
统一市场零售价：16000.00 元

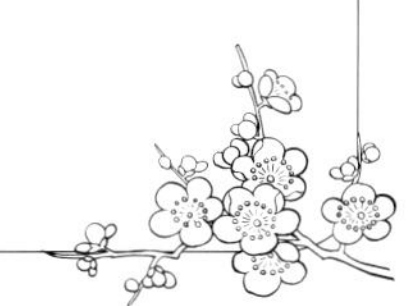

冲泡方法：
高口玻璃杯，90℃左右水温最佳。

购买指南
实体店购买：品牌专卖店或茶百科实体店。
网络购买：shop.chabaike.cn 或品牌官方网站。
电话购买：茶百科服务热线 400-606-6060

图书在版编目（CIP）数据

2013 中国品牌名茶鉴赏 / 茶百科编委会编著 . -- 北京 : 中国商业出版社 , 2013.8
ISBN 978-7-5044-8180-1

Ⅰ . ① 2… Ⅱ . ①茶… Ⅲ . ①茶叶 - 品鉴 - 中国②茶 - 文化 - 中国 Ⅳ . ① TS272.5 ② TS971

中国版本图书馆 CIP 数据核字 (2013) 第 169089 号

责任编辑：刘毕林

中国商业出版社出版发行
（100053 北京市西城区报国寺 1 号）

北京凯德印刷有限责任公司印刷　　全国新华书店经销
2013 年 8 月第 1 版　　2013 年 8 月北京第 1 次印刷

889mm x 1194mm　1/16　16 印张　300 千字
定价：138.00 元
（如有印装质量问题可更换）

茶百科
TEA ENCYCLOPEDIA
中国茶 世界梦
Chinese Tea World Dream